油气田管道和站场完整性管理

张维智　陈宏健　著

石油工业出版社

内 容 提 要

本书系统介绍油气田管道和站场完整性管理基本知识，主要内容包括完整性管理基本理念、数据管理、油气集输管道高后果区识别与风险评价、失效识别与统计、站场完整性管理、完整性管理体系、管道完整性管理和检测评价标准法规等。

本书可供油气田管道和站场完整性管理技术人员、科研人员及管理人员参考使用，也可供高等院校相关专业师生参考阅读。

图书在版编目（CIP）数据

油气田管道和站场完整性管理 / 张维智，陈宏健著．—北京：石油工业出版社，2022.2
ISBN 978-7-5183-5238-8

Ⅰ.①油… Ⅱ.①张…②陈… Ⅲ.①石油管道-站场-完整性-管道②天然气管道-站场-完整性-管理
Ⅳ.①TE973

中国版本图书馆CIP数据核字（2022）第023864号

出版发行：石油工业出版社
　　　　　（北京安定门外安华里2区1号楼　100011）
　　　　网　　址：www.petropub.com
　　　　编 辑 部：（010）64523687　图书营销中心：（010）64523633
经　　销：全国新华书店
印　　刷：北京中石油彩色印刷有限责任公司

2022年2月第1版　　2022年2月第1次印刷
787×1092毫米　开本：1/16　印张：12.5
字数：210千字

定　价：60.00元

前　言

　　2013 年 11 月 22 日，中国石化黄岛输油管道发生严重泄漏，引发重大爆炸事故。事故主因是输油管道与排水暗渠交汇处管道腐蚀变薄破裂，原油泄漏，流入排水暗渠，挥发的油气与暗渠中的空气混合形成易燃、易爆气体，在相对封闭的空间内聚集。现场人员使用不防爆的液压破碎锤，在暗渠盖板上进行钻孔粉碎，产生撞击火花，引爆了油气。事故造成 62 人死亡，136 人受伤，直接经济损失达 7.5 亿元。党中央、国务院高度重视，习近平总书记对管道爆炸事故作出重要指示：彻查事故原因，总结事故教训，强化安全生产措施，坚决杜绝此类事故。

　　上游板块管道和站场数量大，管道数量在 35×10^4 km 以上，使用年限在 10 年以上管道占 50% 以上。上游板块管道和站场分布区域分散，介质复杂，腐蚀老化严重，管道年失效次数近 7 万次，管道泄漏严重。部分油气田管道处于湖泊、河流、滩海、城镇等环境敏感区和高后果区，安全风险大。需要提高管道和站场管理水平，适应国家和中国石油安全环保形势要求。

　　管道完整性管理的概念起源于 20 世纪 70 年代，美国借鉴经济学和航空、核电、化学等工业领域中的风险分析技术来评价油气管道的风险，以期最大限度减少油气管道的事故发生率，尽可能延长重要干线管道的使用寿命，并合理分配有限的管道维护费用。1992 年，Kent Muhlbauer 的专著《管道风险评估手册》出版，标志着完整性管理基础理论成熟，为全面推进完整性管理打下了理论基础。1989 年，苏联乌拉尔山隧道附近发生输气管道爆炸事故，烧毁两列列车，伤亡 1024 人；1994 年，美国新泽西州发生天然气管道破裂泄漏着火事故，400 ～ 500 ft 高的火焰毁坏了 8 幢建筑，破裂处曾发生过机械损伤，壁厚减薄。一系列管道事故的发生促进了美国等国家管道完整性管理相关法律法规、标准规范的发展，代表性的有 H.R.3609《管道安全促进法》、API RP 1160《危险液体管道的完整性管理》、ASME B31.8S《输气管道系统的完整性管理》等。目前，世界各国长输管道均采用完整性管理理念，失效率降幅均在 60% 以上，效果十分显著，是长输管道以及石油石化行业提升本质安全的主要手段。同时，国家和行业等层面也对开展完整性管理提出要求，国家发展和改革委员会等五部委联合发文（发改能源〔2016〕2197号），要求各级地方政府、油气生产企业依据《中华人民共和国石油天然气管道保护法》《中华人民共和国特种设备安全法》和GB 32167—2015《油气输送管道完整性管理规范》等相关标准法规，加强组织领导，落实企业主体责任，持续做好油气输送管道完整性管理，有效防范管道事故发生。

自2014年以来，中国石油启动油气田管道完整性管理研究工作，探索在上游板块管道和站场开展完整性管理的可行性，力争实现提升管道本质安全、降低更新改造费用、提高地面管理水平的目标。2016年上游板块在国内外油气田领域率先开展完整性管理工作，明确了"先重点、后一般，先试点、再推广"的工作思路，实现"事后处置、被动治理"向"事前预防、主动控制"的转变。近五年来，通过积极开展试点工程、"双高"管道治理、瓶颈技术攻关、系统平台推广应用、人员培训等工作，稳步推进完整性管理工作发展。完整性管理工作在风险源头管控治理、风险状态有效评估、风险有效消减，以及改善地面系统本质安全等方面取得显著成效，促进了油气田绿色安全平稳生产，提高了开发效益。

为系统总结油气田管道和站场完整性管理取得的技术成果，笔者针对基本理念、数据管理、失效识别、站场完整性管理、体系建设，以及法规标准等内容，加以总结提炼，本书内容基本涵盖了油气田管道和站场完整性管理主要工作内容。中国石油上游板块宋彬、计维安、郑鹤、高健、李志彪、唐德志、付勇等专家对本书亦有支持和贡献，在此表示深深谢意！

本书涉及的油气田管道完整性管理内容仅在中国石油内部各单位应用，且由于笔者知识水平有限和编写时间仓促，内容难免挂一漏万，恳请广大读者批评指正。

目　录

第一章　完整性管理基本理念

第一节　定义及内涵

　　完整性管理是指管理者不断根据最新信息，对管道和站场运营中面临的风险因素进行识别和评价，并不断采取针对性的风险减缓措施，将风险控制在合理、可接受的范围内，使管道和站场始终处于可控状态，预防和减少事故发生，为其安全经济运行提供保障。管道完整性管理是目前国内外公认的保证管道安全的核心技术手段。完整性管理工作流程如图 1-1-1 所示。

　　完整性管理的内涵包括：

　　（1）物理和功能上完整。

　　（2）始终处于受控状态。

　　（3）不断采取措施防止失效事故的发生。

　　（4）全生命周期管理。

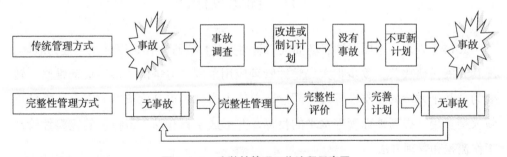

图 1-1-1　完整性管理工作流程示意图

第二节　原则及目标

　　完整性管理应遵循以下原则：

（1）合理可行原则。科学制定风险可接受准则，采取经济有效的风险减缓措施，将风险控制在可接受范围内。

（2）分类分级原则。对管道和站场实行管理分类、风险分级，针对不同类别的管道和站场采取差异化的策略。

（3）风险优先原则。针对评价后位于高后果、环境敏感等区域的高风险管道和站场，要及时采取相应的风险消减措施。

（4）区域管理原则。突出以区域为单元开展高后果区识别、风险评价和检测评价等工作。

（5）有序开展原则。按照先重点、后一般，先试点、再推广的顺序开展完整性管理工作。

油气田公司应制订年度管道失效率目标，逐年降低管道失效率。完整性管理实施后，至少应达到以下目标。对于处于高后果、环境敏感的高风险管道，应加强管理，进一步降低失效率。

（1）Ⅰ类管道失效率不高于 0.002 次 /（km·a）。

（2）Ⅱ类管道失效率不高于 0.01 次 /（km·a）。

（3）Ⅲ类管道失效率不高于 0.05 次 /（km·a）。

（4）管道更新改造维护费用下降 10%。

第三节　理念及做法

2014年以来，中国石油启动油气田管道完整性管理工作，以试点工程为载体，配套开展科研攻关，逐步扩大完整性管理应用范围，力争由"事后被动维修"转变为"基于风险的完整性管理"理念，总体上实现了提升管道本质安全、降低更新改造费用、提高地面管理水平的目标，并形成了具有油气田特色的完整性管理工作流程和管理方法。

一、工作流程

提出并建立了适应油气田管道特点的完整性管理五步工作流程，包括数据采集、高后果区识别和风险评价、检测评价、维修维护、效能评价五个环节（图1-3-1），通过上述过程的循环，逐步提高完整性管理水平。

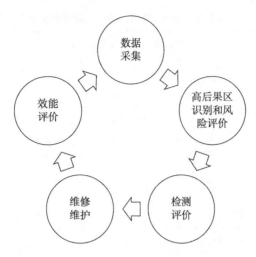

图 1-3-1　完整性管理五步工作流程

数据采集：结合管道竣工资料和历史数据恢复，开展数据采集、整理和分析工作。

高后果区识别和风险评价：综合考虑周边安全、环境及生产影响等因素，进行高后果区识别，开展风险评价，明确管理重点。

检测评价：通过实施管道检测或数据分析，评价管道状态，提出风险减缓方案。

维修维护：依据风险减缓方案，采取有针对性的维修与维护措施。

效能评价：通过效能评价，考察完整性管理工作的有效性。

二、分类分级管理

针对油气田管道系统庞杂、管径大小不一、输送介质复杂等特点，为了更加有效地开展完整性管理工作，对管道实施分类分级管理，管道分类有利于按类设计不同的管理策略，采用不同的检测技术与评价方法，应对油气田管道复杂多样的特点。风险分级有利于按照风险等级高低确定油气田管道关键风险管控点，提升本质安全和节约资金投入。

1. 分类管理

按照介质类型、压力等级和管径等因素，将管道划分为Ⅰ类、Ⅱ类、Ⅲ类管道，详见表 1-3-1 至表 1-3-3。油气田公司可结合自身实际，适当调整分类界限。

表 1-3-1　采气、集气、注气、输气管道分类

采气、集气、注气管道分类				
DN	$p \geqslant 16$	$9.9 \leqslant p < 16$	$6.3 \leqslant p < 9.9$	$p < 6.3$
$DN \geqslant 200$	Ⅰ类管道	Ⅰ类管道	Ⅰ类管道	Ⅱ类管道
$100 \leqslant DN < 200$	Ⅰ类管道	Ⅱ类管道	Ⅱ类管道	Ⅱ类管道
$DN < 100$	Ⅰ类管道	Ⅱ类管道	Ⅱ类管道	Ⅲ类管道
输气管道分类				
DN	$p \geqslant 6.3$	$4.0 \leqslant p < 6.3$	$2.5 \leqslant p < 4.0$	$p < 2.5$
$DN \geqslant 400$	Ⅰ类管道	Ⅰ类管道	Ⅰ类管道	Ⅱ类管道
$200 \leqslant DN < 400$	Ⅰ类管道	Ⅱ类管道	Ⅱ类管道	Ⅱ类管道
$DN < 200$	Ⅰ类管道	Ⅱ类管道	Ⅱ类管道	Ⅲ类管道

注:(1) p,最近 3 年的最高运行压力,MPa; DN,公称直径,mm。

(2) 硫化氢含量不小于 5% 的原料气管道,直接划分为Ⅰ类管道。

(3) Ⅰ类、Ⅱ类管道长度小于 3km 的,类别下降一级;Ⅱ类、Ⅲ类管道长度不小于 20km 的,类别上升一级;Ⅲ类管道中的高后果区管道,类别上升一级。

表 1-3-2　出油、集油、输油管道分类

DN	$p \geqslant 6.3$	$4 \leqslant p < 6.3$	$2.5 < p < 4$	$p \leqslant 2.5$
$DN \geqslant 250$	Ⅰ类管道	Ⅰ类管道	Ⅱ类管道	Ⅱ类管道
$100 \leqslant DN < 250$	Ⅰ类管道	Ⅱ类管道	Ⅱ类管道	Ⅱ类管道
$DN < 100$	Ⅱ类管道	Ⅱ类管道	Ⅱ类管道	Ⅲ类管道

注:(1) p,最近 3 年的最高运行压力,MPa; DN,公称直径,mm。

(2) 输油管道按Ⅰ类管道处理;液化气、轻烃管道,类别上升一级;Ⅰ类、Ⅱ类管道长度小于 3km 的,类别下降一级;Ⅲ类管道中的高后果区管道,类别上升一级。

表 1-3-3　供水、注入管道分类

DN	$p \geqslant 16$	$6.3 \leqslant p < 16$	$2.5 < p < 6.3$	$p \leqslant 2.5$
$DN \geqslant 200$	Ⅱ类管道	Ⅱ类管道	Ⅲ类管道	Ⅲ类管道
$DN < 200$	Ⅱ类管道	Ⅲ类管道	Ⅲ类管道	Ⅲ类管道

注: p,最近 3 年的最高运行压力,MPa; DN,公称直径,mm。

2. 分级管理

管道按照风险大小可划分为高风险级管道、中风险级管道和低风险级管道三个等级。风险等级示意图如图 1-3-2 所示。

80% ~ 100%	5	中 5	中 10	高 15	高 20	高 25
60% ~ 80%	4	低 4	中 8	中 12	高 16	高 20
40% ~ 60%	3	低 3	中 6	中 9	中 12	高 15
20% ~ 40%	2	低 2	低 4	中 6	中 8	中 10
0 ~ 20%	1	低 1	低 2	低 3	低 4	中 5
失效概率		1	2	3	4	5
	失效后果	一般	中等	较大	重大	特大

注：（1）失效概率是指发生失效的可能性，最低为 0，最高为 100%。
　　（2）失效后果是指失效后产生后果的严重程度，考虑人员伤亡、环境破坏、财产损失、生产影响、
　　　　　社会信誉等方面，可分为一般、中等、较大、重大、特大。
　　（3）风险 = 失效概率 × 失效后果。根据风险数值可分为高、中、低三个等级。

图 1-3-2　风险等级示意图

三、"全流程、全区域、全生命周期"管理

全流程是指涵盖完整性管理数据采集、高后果区识别和风险评价、完整性评价、维修维护和效能评价等五个方面的工作内容。

全区域是指选择在一个厂处或作业区开展，涵盖区域内所有的管道和站场。

全生命周期是指在前期、建设、运行和报废等各个阶段中都要贯彻完整性管理的理念（图 1-3-3）。

图 1-3-3　"全流程、全区域、全生命周期"管理

四、"双高"管理

"双高"管道是关键风险管控点，也是完整性管理的重中之重。针对"双高"管道加强了管理，制订"双高"管线治理方案，明确工作重点内容，确保高后果区管道管理到位，高风险级管道采取风险消减措施，降低风险等级，实现"双高"区域得到有效控制。

五、日常维护管理

日常维护管理是完整性管理的重要内容，也是减缓风险的主要手段之一。应围绕影响管道完整性的相关要素管控要求，重点做好管道腐蚀控制、管道巡护、第三方管理、地质灾害预防等工作。

应根据地面生产工艺流程和输送介质特点，分析确定管道内腐蚀机理，设定腐蚀控制目标，制订内腐蚀控制方案及腐蚀监测方案，通过定期开展监测数据的分析评价，结合生产运行工况、介质性质变化等情况，适时调整腐蚀控制参数，优化防腐方案和措施。

应充分考虑输送介质和输送工艺的影响，开展腐蚀影响因素分析和腐蚀规律预测分析，采取有针对性的腐蚀减缓措施，如：改变工艺参数、添加缓蚀剂、清管、采用耐腐蚀管材、增加管道内衬和内涂层等，做好内腐蚀控制。

建立管道外腐蚀监测制度，及时掌控管道防腐层状况、管体腐蚀状况、环境腐蚀性、管道覆土层厚度、附属设施状况等信息。

应建立阴极保护系统检测评价制度，定期开展阴极保护系统运行参数监测，评价阴极保护系统有效性，及时调整优化，将运行参数控制在规定范围内。定期检查与维护阴极保护系统相关设施，确保系统有效运行。管道阴极保护率应达到100%，阴极保护系统运行率达到98%以上。

应建立并完善管道巡护制度，对高后果区和高风险段加密巡线周期。高后果区和高风险段管道每日巡检次数应不低于一次；宜采用全球定位系统（GPS）等手段，靠近管道中心线进行巡检，以保证巡线质量；难以实施人工巡线的管道和长距离管道可采用无人机巡线。

应建立和完善第三方作业信息管理机制和管道保护沟通机制，及时获取、掌握、上报管道周边交叉工程动态信息，提出相关管道保护要求。

应定期开展管道沿途的地质灾害识别工作。必要时开展专项风险评价，并依据评价结果及时采取相应措施，预防和处置地质灾害的破坏，确保管线平稳安全运行。

第四节 管理策略

一、Ⅰ类管道完整性管理策略

对Ⅰ类管道开展高后果区识别和风险评价后，依据风险评价结果确定检测范围，并实施有针对性的检测评价，根据评价结果及时采取维修维护措施，使风险处于可控状态。

Ⅰ类管道运行期数据采集工作主要包括对所管辖管道数据的收集、整合、存储与上报。Ⅰ类管道运行期数据的采集和管理参照 Q/SY 1180.6—2014《管道完整性管理规范 第6部分：数据采集》等执行。

数据采集应贯彻"简约、实用"的原则，宜只采集后续流程必需的数据，减少冗余，并应确保数据真实、准确、完整。运行期主要收集的数据包括：运行数据、输送介质数据、风险数据、失效管理数据、历史记录数据和检测数据等。例如：输送介质、操作压力、操作温度、防腐层状况、管道检测报告、内外壁腐蚀监控、阴极保护数据，维护、维修、检测数据，失效事故、第三方破坏等信息。Ⅰ类管道数据采集最低标准应达到表 1-4-1 的要求。

表 1-4-1 Ⅰ类管道数据采集最低标准

编号	数据类型	数据项	Ⅰ类管道
1		管道运行数据	√
2		失效管理数据	√
3	管道运行期数据	历史记录数据	√
4		输送介质数据	√
5		检测数据	√
6		管道风险数据	√

Ⅰ类管道高后果区识别工作应每年开展1次，并形成《高后果区识别报告》。如发生管道改线、周边环境重大变化时，应及时开展识别并更新识别结果。

Ⅰ类管道风险评价推荐采用半定量风险评价方法，在开展半定量风险评价的基础上，必要时可对高风险级、高后果区管道开展定量风险评价或地质灾害、第三方破坏等专项风险评价。

Ⅰ类管道风险评价工作应每年开展1次，形成《风险评价报告》。如发生管道改线、周边环境重大变化时，应及时开展风险评价并更新记录。

Ⅰ类管道满足智能内检测条件时优先推荐智能内检测，不满足时也可采用直接评价或压力试验。液体管道智能内检测可采取漏磁内检测技术或超声内检测技术，气体管道可采取漏磁内检测技术。

Ⅰ类管道修复工作应结合检测评价报告和相应的数据信息，制订有针对性的、合理的维修方案。维修建议包括监控、降压使用、计划维修、立即维修等。

Ⅰ类管道进行维修时，优先采用对生产影响较小且安全环保的技术。对于采用智能内检测的管道，不应采用影响内检测器通过性的维修方法。管体缺陷修复相关技术要求参见表1-4-2和表1-4-3。

表1-4-2　管道防腐层缺陷类型推荐修复方法

原防腐层类型	局部修复			大修
	缺陷直径≤30mm	缺陷直径>30mm	补口修复	
石油沥青、煤焦油磁漆	石油沥青、煤焦油磁漆、冷缠胶带a、黏弹体+外防护带b	冷缠胶带、黏弹体+外防护带	黏弹体+外防护带、冷缠胶带	无溶剂液态环氧/聚氨酯、无溶剂液态环氧玻璃、冷缠胶带
熔结环氧、液体环氧	无溶剂液态环氧	无溶剂液态环氧	无溶剂液态环氧/聚氨酯	
三层聚乙烯/聚丙烯	热熔胶+补伤片、压敏胶+补伤片、黏弹体+外防护带	黏弹体+外防护带、压敏胶热收缩带、冷缠胶带	黏弹体+外防护带、无溶剂液态环氧+外防护带	

注：（1）原油管道宜采用聚丙烯冷缠带。
　　（2）外防护带包括冷缠胶带、压敏胶热收缩带等。

表 1-4-3　管体常见缺陷类型推荐修复方法

缺陷分类		缺陷尺寸	修复方法
腐蚀	外腐蚀	泄漏	机械夹具（临时修复）、B型套筒、环氧钢套筒或换管
		缺陷深度≥80%壁厚	B型套筒、环氧钢套筒或换管
		超过允许尺寸的	玻璃纤维复合材料补强、A型套筒、B型套筒、环氧钢套筒或换管
		未超过允许尺寸的	黏弹体修复防腐层
	内腐蚀	缺陷深度≥80%壁厚	B型套筒或换管
		超过允许尺寸的	B型套筒或换管
		当前或计划修复时间内未超过允许尺寸的	暂不修复
制造缺陷	内外制造缺陷	缺陷深度≥80%壁厚	B型套筒、环氧钢套筒或换管
		超过允许尺寸的	玻璃纤维复合材料补强、A型套筒、B型套筒、环氧钢套筒或换管
		未超过允许尺寸的	暂不修复
凹陷	普通凹陷、腐蚀相关凹陷（移除压迫体后的尺寸）	深度≥6%外径	B型套筒（临时）或者换管
		2%外径≤深度<6%外径	进行磁粉探伤，无裂纹则采用A、B型或环氧套筒或者换管修复，有裂纹采用B型套筒或者换管修复
		深度<2%外径	巡线监控
	焊缝相关凹陷（移除压迫体后的尺寸）	深度≥6%外径	B型套筒（临时）或者换管
		2%外径≤深度<6%外径	进行表面磁粉探伤，焊缝进行射线或者超声，无裂纹则采用A、B型或环氧套筒或者换管修复，有裂纹采用B型套筒或者换管修复
		深度<2%外径	进行表面磁粉探伤，焊缝进行射线或者超声，无裂纹则不修复，有裂纹采用B型套筒或者换管修复
焊缝缺陷	开挖检测，采用射线和超声探伤得到焊接缺陷的长度、深度，进行缺陷强度评价	不安全（有裂纹）	换管
		安全（有裂纹）	打磨（表面裂纹）、B型套筒和换管
		安全	不修复
	开挖检测，采用射线和超声探伤得到焊接缺陷尺寸，未进行缺陷强度评价	焊缝超过标准允许级别	打磨（表面裂纹）、B型套筒和换管
		焊缝在标准允许级别内	不修复

Ⅰ类管道完整性管理策略主要包括高后果区识别和风险评价、检测评价、维修维护3个方面，详见表1-4-4。

表1-4-4　Ⅰ类管道完整性管理策略

高后果区识别和风险评价				高后果区识别每年一次。风险评价推荐半定量风险评价方法，每年一次，必要时可对高后果区、高风险级管道开展定量风险评价或地质灾害、第三方破坏等专项风险评价
检测评价	直接评价	智能内检测		具备智能内检测条件时优先采用智能内检测
		内腐蚀直接评价		有内腐蚀风险时开展直接评价
		外腐蚀直接评价	敷设环境调查	开展管道标识、穿跨越、辅助设施、地区等级、建（构）筑物、地质灾害敏感点等调查
			土壤腐蚀性检测	当管道沿线土壤环境变化时，开展土壤电阻率检测
			杂散电流测试	开展杂散电流干扰源调查，测试交直流管地电位及其分布，推荐采用数据记录仪
			防腐层（保温）检测	采用交流电流衰减法和交流电位梯度法（ACAS+ACVG）组合技术开展检测
			阴极保护有效性检测	对采用强制电流保护的管道，开展通断电位测试，并对高后果区、高风险级管段推荐开展CIPS检测；对牺牲阳极保护的高后果区、高风险级管段，推荐开展极化探头法或试片法检测
			开挖直接检测	优先选择高后果区、高风险段开展开挖直接检测，推荐采取超声波测厚等方法检测管道壁厚，必要时可采用C扫描、超声导波等方法测试；推荐采取防腐层黏结力测试方法检测管道防腐层性能
		压力试验		无法开展智能内检测和直接评价的管道选择压力试验
		专项检测		必要时可开展河流穿越管段敷设状况检测、公路铁路穿越检测和跨越检测等
维修维护				开展管体和防腐层修复，应在检测评价后1年内完成。开展管道巡护、腐蚀控制、第三方管理和地质灾害预防等维护工作

二、Ⅱ类管道完整性管理策略

Ⅱ类管道在数据采集的基础上，开展高后果区识别和风险评价，重点对其高后果区、高风险段，实施有针对性的检测评价，并根据评价结果及时采取维修维护措施，使风险处于可控状态。

Ⅱ类管道风险评价技术方法推荐采用半定量风险评价方法；检测评价技术方法推荐采用直接评价或压力试验方法。

Ⅱ类管道完整性管理策略主要包括高后果区识别和风险评价、检测评价、维修维护三个方面，详见表1-4-5。

表 1-4-5 Ⅱ类管道完整性管理策略

高后果区识别和风险评价				高后果区识别每年一次。风险评价推荐半定量风险评价方法，每年一次
检测评价	直接评价		内腐蚀直接评价	具备内腐蚀直接评价条件时优先推荐内腐蚀直接评价
		外腐蚀直接评价	敷设环境调查	开展管道标识、穿跨越、辅助设施、地区等级、建（构）筑物、地质灾害敏感点等调查
			土壤腐蚀性检测	当管道沿线土壤环境变化时，开展土壤电阻率检测
			杂散电流测试	开展杂散电流干扰源调查，测试交直流管地电位及其分布，推荐采用数据记录仪
			防腐层检测	采用交流电流衰减法和交流电位梯度法（ACAS+ACVG）组合技术开展检测
			阴极保护有效性检测	对采用强制电流保护的管道，开展通断电位测试，必要时对高后果区、高风险级管段可开展CIPS检测；对牺牲阳极保护的高后果区、高风险级管段，测试开路电位、通电电位和输出电流，必要时开展极化探头法或试片法检测
			开挖直接检测	优先选择高后果区、高风险段开展开挖直接检测，推荐采取超声波测厚等方法检测管道壁厚，必要时可采用C扫描、超声导波等方法测试；推荐采取防腐层黏结力测试方法检测管道防腐层性能
		压力试验		无法开展内腐蚀直接评价时开展压力试验
维修维护				开展管体和防腐层修复，应在检测评价后1年内完成。开展管道巡护、腐蚀控制、第三方管理和地质灾害预防等维护工作

三、Ⅲ类管道完整性管理策略

对于Ⅲ类管道完整性管理，以加强日常维护管理为主要手段，重点抓好区域腐蚀控制。同时，推荐采用区域高后果区识别和风险评价方法，确定高后果区和高风险级管道，根据其主导风险因素，有针对性地采取腐蚀检测和修复措施，使风险处于可控状态。

Ⅲ类管道数据采集工作主要包括对所管辖管道数据的收集、整理、存储与上报。Ⅲ类管道运行期应简化采集数据，一般收集运行数据、失效管理数据、历史记录数据和输送介质数据等。Ⅲ类管道数据采集最低标准应达到表1-4-6要求。

表 1-4-6　Ⅲ类管道数据采集最低标准

编号	数据类型	数据项	Ⅲ类管道
1	管道运行数据	管道运行数据	√
2		失效管理数据	√
3		历史记录数据	√
4		输送介质数据	√
5		检测数据	区域采集
6		管道风险数据	区域采集

对Ⅲ类管道优先采用区域法开展高后果区识别，重点对位于区域管网边界处、可能造成人员安全和环保事故的管道进行识别。高后果区管道参照Ⅱ类管道开展完整性管理工作。

开展高后果区识别工作并形成《高后果区识别报告》。高后果区识别工作应每年开展1次。如发生管道改线、周边环境重大变化时，应及时重新开展识别。

开展风险评价工作并形成《风险评价报告》。Ⅲ类管道宜开展区域性风险评价，突出失效统计分析、腐蚀分析、区域风险类比分析等内容，要求如下：

（1）科学开展失效数据对比分析工作，明确失效的主导风险因素。

（2）识别管道主要腐蚀特征，确定管道主要腐蚀类型，分析管道腐蚀成因，明确腐蚀主控因素。

（3）充分利用Ⅲ类管道在管道材质、介质类型、外部环境、运行条件和腐蚀规律方面存在的相似性，根据失效统计及腐蚀分析，总结规律，确定高风险级管道。

（4）近一年内发生过腐蚀失效或历史上发生过两次及以上腐蚀失效的管道直接判别为高风险级管道。

对于以外腐蚀为主导风险因素的管道，检测及维修维护要求如下：

（1）采用 ACAS+ACVG 方法，开展管道外防腐层检测；管道开挖后，采取超声波测厚检测管道壁厚；修复管道本体和防腐层缺陷。

（2）对于有阴极保护的管道，开展阴极保护有效性测试。

对于以内腐蚀为主导风险因素的管道，检测及维修维护要求如下：

（1）采用失效数据分析法或参照内腐蚀直接评价（ICDA）方法，预测腐蚀敏感点，进行开挖检测。

（2）管道开挖后，采取超声波测厚、超声波 C 扫描、超声导波等检测管道壁厚；修复管道缺陷。

对于以第三方破坏为主导风险因素的管道，应加强管理，重点做好巡线、第三方信息上报、地企双方信息沟通等工作。

对于以地质灾害为主导风险因素的管道，应加强地质灾害识别及监测工作。

Ⅲ类管道还应加强制造与施工缺陷、误操作等失效类型的识别工作，并采取相应措施。

Ⅲ类管道完整性管理策略主要包括高后果区识别和风险评价、检测评价、维修维护 3 个方面，详见表 1-4-7。

表 1-4-7　Ⅲ类管道完整性管理策略

高后果区识别和风险评价				推荐采用区域高后果区识别，每年一次。推荐采用失效分析、腐蚀分析、类比分析等定性方法确定高风险级管道；近一年内发生过腐蚀失效或历史上发生过两次及以上腐蚀失效的管道直接判别为高风险级管道；风险评价每年开展一次
检测评价	腐蚀检测		内腐蚀检测	对管道沿线的腐蚀敏感点进行开挖抽查
		外腐蚀检测	土壤腐蚀性检测	测试管网所在区域土壤电阻率
			防腐层检测	对于高风险级管道，采用ACAS+ACVG组合技术开展检测
			阴极保护参数测试	对采用强制电流保护的管道，开展通/断电位测试；对牺牲阳极保护的高后果区、高风险级管道，测试开路电位、通电电位和输出电流
			开挖直接检测	优先选择高后果区、高风险管段开展开挖直接检测，推荐采用超声波测厚等方法检测管道壁厚；推荐采取防腐层黏结力测试方法检测管道防腐层性能
	压力试验			无法开展内、外腐蚀检测的管道可进行压力试验
维修维护				开展管体和防腐层修复，应在检测评价后1年内完成。开展管道巡护、腐蚀控制、第三方管理和地质灾害预防等维护工作

第二章　数据管理

第一节　油气田分级分类数据管理

油气田管道数据管理采取分级分类的原则，建设期与运行期管理要求略有区别。油气田公司负责组织数据收集年度计划的审查与数据审定，厂（处）级单位负责运行期的数据收集的具体组织实施和审核，完整性管理技术支撑单位负责数据库的管理与维护。

一、建设期数据管理

建设期完整性管理数据包括管道信息、检测评价、阴极保护设施、风险管理信息。建设期数据采集的主要内容具体如下：

（1）管道属性数据，主要包括中心线数据、基础数据等。例如：起始点、结束点、测量控制点、壁厚、设计温度、设计压力、设计流量、弯管类型、压力试验、管材、管径、三通、弯头、焊口、防腐层、补口材料、缺陷记录等数据。

（2）管道环境及人文数据，主要包括地理信息数据、侵占数据等。例如：行政区划、地理位置、土壤信息、水工保护、附近人口密度、建筑、三桩、海拔高度、交通便道、环保绿化、穿跨越、管道支撑、道路交叉、水文地质、降水量、航拍和卫星遥感图像等数据信息，还包括管道周边的社会依托信息，例如：政府机构、公安、消防、医院、电力供应和机具租赁等数据。

（3）管道建造数据，主要包括阴极保护系统数据、设施数据等。例如：管子制造商、制造日期、施工单位、施工日期、连接方式、工艺及检验结果、阴极保护的安装、管道纵断面图、埋深、土壤回填等数据。

新建管道采集数据和已建管道恢复建设期数据时，根据管道类型不同，数据内容和深度可以有所差异，但不应低于表2-1-1所列最低标准。新建管道在竣工验收、检测和维修项目在验收评审时，应同步完成数据移交工作，所有数据必须符合要求。

表 2-1-1 各类管道建设期数据采集最低标准

编号	数据类型	数据项	I类管道	II类管道	III类管道
1	管道属性数据	中心线数据	√	√	√
2		基础数据	√	√	√
3	管道环境及人文数据	地理信息数据	√	√	区域采集
4		侵占数据	√	√	区域采集
5	管道建造数据	阴极保护数据	√	√	不要求
6		附属设施数据	√	√	√

二、运行期数据管理

管道运行期数据采集工作应由厂（处）完成，具体包括对所管辖管道数据的收集、整合、存储与上报。油气田公司在制订数据收集计划时应根据本单位实际情况，明确数据收集目标、范围、时间安排、职责安排、收集频次等。厂（处）级单位根据油气田公司的年度数据收集计划制订本单位的数据收集计划，数据收集计划需经主管部门审批备案。

管道相关数据由厂（处）级单位的管道管理部门负责安排人员按照数据收集计划进行收集，并进行监督。

基础数据采集工作原则上由生产基层采集；在进行测绘、检测评价、管道改造过程中产生的数据应由相应项目承担单位在完工交接前提供。

厂（处）级单位与建设项目部将所收集到的数据进行校验，首先保证数据的真实性和准确性，数据校验可通过数据录入软件进行，必要时需要与现场情况进行核实。厂（处）级单位和建设项目部将所收集到的各种资料和数据按相关数据具体要求转化为电子版格式。

厂（处）级单位与建设项目部将校验后的数据进行初步整合，整合过程依据统一的参照系和统一的计量单位进行，将从多种渠道获得的各种数据综合起来，并与管道位置准确关联。例如，管道内检测的缺陷数据可参照里程轮在管道内的行进距离、结合阴极保护测试桩的位置联合定位，综合确定腐蚀点和第三方破坏点的位置。有条件的可将所收集的数据存入地理信息系统（GIS）等，达到数据的完全整合。

数据采集应贯彻"简约、实用"的原则，宜只采集后续流程必需的数据，减少冗余，并应确保数据真实、准确、完整。运行期主要收集的数据包括：运行数据、输送介质数据、风险数据、失效管理数据、历史记录数据和检测数据等。例如：输送介质、操作压力、操作温度、防腐层状况、管道检测报告、内外壁腐蚀监控、阴极保护数据，维护、维修、检测数据，失效事故、第三方破坏等信息。

管道基础信息应从管道设计文件中提取，确定管道规格、材质、输送介质、压力等信息。有变更时以变更后的为准。

管道设施采集应包括但不限于以下要素：水工保护设施、穿跨越、场站（阀室）、第三方设施、沿线光缆、线路阀门等设施的位置和属性信息。

阴极保护设施包括强制电流保护系统和（或）牺牲阳极保护系统设施，应包括绝缘装置、排流装置、牺牲阳极、阳极地床、测试桩、阴极保护电源位置和属性信息。位置信息应在隐蔽工程施工完成前采集，便于管理维护；属性信息从设施的厂家合格证、产品说明书等文件提取。

风险管理包括高后果区信息数据和地质灾害风险识别数据，高后果区数据宜从设计踏勘资料提取，获取地区等级和特定场所等信息。地质灾害风险识别数据宜从设计踏勘资料获取，若管道开展了前期专项地质灾害评价，可从专项报告中提取地灾类型、地理位置、易发性、灾害点描述和治理措施等信息。

各类管道数据采集最低标准应不低于表2-1-2要求。

表2-1-2　各类管道数据采集最低标准

编号	数据类型	数据项	I类管道	II类管道	III类管道
1	管道运行期数据	管道运行数据	√	√	√
2		失效管理数据	√	√	√
3		历史记录数据	√	√	√
4		输送介质数据	√	√	√
5		检测数据	√	√	区域采集
6		管道风险数据	√	√	区域采集

第二节　油气田管道数据采集要求

一、管道数据采集一般要求

管道完整性数据应按照管道基础数据、高后果区识别和风险评价数据、检测评价数据、维修维护数据以及效能评价数据五大类进行采集，详见表2-1-2。

新建和改扩建管道数据应在管道投产前完成采集，在役管道的数据恢复应按数据恢复计划分期完善。新建管道和改扩建管道基础数据及基线检测相关的数据应由建设单位组织采集，在役管道数据应由运营单位组织采集。

管道建设及运营单位应对采集到的数据的真实性和准确性进行校验和审核，数据异常时应进行现场验证。

二、管道数据采集管理要求

1. 数据采集

应制订数据采集、恢复计划，明确数据采集目标、范围、时间安排、采集频次等。

在役管道的数据恢复应从竣工验收资料中提取，有变更的以变更后的为准。

2. 数据整合

数据采集实施单位应将校验后的数据依据统一的参照系（绝对里程、相对里程等）和统一的计量单位进行整合，将与里程相关的数据与管道位置进行关联，位置坐标数据宜存入地理信息系统。

管道数据与位置的关联应以内检测提供的环焊缝信息或测绘数据为基准，具体要求如下：

（1）当有内检测数据时，应以内检测环焊缝编号为基准。

（2）当无内检测数据时，应基于测绘数据。

（3）当测绘数据精度不满足 GB 50026—2020《工程测量标准》要求时，宜根据外检测和补充测绘结果更新位置信息。

（4）当测绘数据和内检测数据出现较大偏差时，宜进行开挖测量校准。

3. 数据移交

新建、改扩建管道在竣工验收前，应将采集的管道基础数据及基线检测相关的数据、前期方案及专项评价中的高后果区识别和风险评价数据等资料提交给运营单位。

在役管道在高后果区识别和风险评价、检测评价、维修等项目验收评审时，应同步完成数据移交工作。

数据移交方应在数据移交前完成数据校验，宜采用数字化方式移交，运营单位应对移交的数据进行审核、入库。

4. 数据更新与维护

管道数据应每年更新一次。

运营单位应对数据进行备份，并确定数据的访问与修改权限，明确数据保存与销毁要求，及时对异常数据进行分析，发现问题应采取纠正措施。

三、管道数据采集技术要求

1. 数据格式

数据采集时，数据格式应满足下列要求：

（1）数值类数据保留小数点后 3 位。

（2）文本类数据根据内容确定字节长度，给定值域的，按值域的最长字节长度确定。

（3）日期类数据格式为 "yyyy-mm-dd"，长度为 8 字节。

（4）经纬度坐标数据单位为 "°"（度），长度为 11 字节，保留小数点后 8 位。

（5）图片格式为 jpg 或 png 格式。

2. 管道基础数据

管道基础数据中的管道地理信息相关数据测量应符合 GB 50026—2020《工程测量标准》的要求，数字地图中同比例尺地图的分层、属性和编码标准应符合 GB/T 20257—2017《国家基本比例尺地图图式》和 GB/T 20258—2019《基础地理信息要素数据字典》的要求。

地理信息数据格式及坐标系统要求如下：

（1）数字地图文件应为 GeoDatabase 格式。

（2）管道测绘数据应为 DWG 数据格式或 GeoDatabase 格式。

（3）遥感影像应为 GeoTiff 格式。

（4）平面坐标系应采用 CGCS2000 坐标系，单位为"m"，保留小数点后 2 位。

（5）高程应采用 1985 国家高程基准，单位为"m"，保留小数点后 2 位。

遥感影像类数据包括卫星遥感影像、航空摄影影像、机载激光雷达测量数据。影像精度至少满足如下要求：

（1）地区等级为四级地区和三级地区影像分辨率应不大于 1m。

（2）地区等级为二级地区和一级地区影像分辨率应不大于 5m。

（3）数据采集时宜获取 2 年以内拍摄的影像数据。

对于三级地区、四级地区，遥感影像应能够清晰地识别出建筑物轮廓及道路河流等要素，对于大型河流等环境敏感区应按其所在地区等级的高一级地区等级要求执行。

管道中心线数据采集要求如下：

（1）管道中心线带状地形图成图比例尺宜为 1∶2000，高后果区、高风险管段比例尺宜为 1∶500，站场及阀室周边成图比例尺宜为 1∶500，地方政府有更高要求的区域按地方政府要求执行。

（2）管道中心线带状地形图成图范围是管道中心线两侧各 200m（共 400m 的带状范围）。

（3）新建管道中心线采集应采集钢管、焊缝的属性信息，应在管道下沟后、回填前进行，可采用环焊缝处管道顶点、弯头转角点和穿越出入地点为准测定管线点坐标和高程，并采用全站仪测量或者全球导航卫星系统（GNSS）测量管顶经纬度及高程。

（4）已建管道数据恢复采集的测量间距不应超过 75m，至少采集特征点的埋深、坐标和高程，遇到拐点、变坡弯管段应加密测量。

（5）具备条件的，宜采用内检测惯性测绘获取管道中心线、管道特征点坐标。

（6）测量控制点的设置应符合 GB 50026—2020《工程测量标准》的要求。

（7）对于由于建筑阻挡等原因难以测量的设施应结合设计资料，使用测距仪、皮尺等设备进行测量，对于定向钻、隧道等无法测量部分，应对设施起点、终点进行测量，同时结合原始设计图纸完成无法测量部分管道中心线成图。

3. 高后果区识别和风险评价数据

新建管道的高后果区识别、地质灾害风险评价数据宜从设计踏勘资料提取，获取地区等级和特定场所等信息。若管道开展了前期专项地质灾害评价，可从专项报告中提取地灾类型、地理位置、易发性、灾害点描述和治理措施等信息。

在役管道的数据采集应根据管道运行实际状况进行高后果区识别和风险评价后采集。

4. 检测评价数据

新建管道宜开展管道投运前检测，采集防腐层漏损点、焊缝无损检测、压力试验、土壤腐蚀性的检测数据等。在役管道应采集全部检测评价数据。

5. 维修维护数据

应根据管道运行期的维修维护实施情况采集维修维护数据，包括管道绝缘层修复数据、管道本体缺陷修复数据、管道更换情况动态表、内腐蚀控制、第三方施工、管道浮露管、管道周边建筑物、管道运行数据、清管收发球数据等。

6. 效能评价数据

根据效能评价实施情况采集效能评价数据，包括管道完整性管理方案、气田管道失效数据、完整性管理审核结果、完整性管理执行结果、管道效能指标等数据。

油气田管道数据表单目录见表 2-2-1。

表 2-2-1　油气田管道数据表单目录

序号	类型	数据表名称	适用管道类别
1	管道基础数据	油气管道基础信息	Ⅰ、Ⅱ、Ⅲ
2		供注水（气、汽）管道基础信息	Ⅰ、Ⅱ、Ⅲ
3		途经站场阀室	Ⅰ、Ⅱ、Ⅲ
4		数据成果坐标系	Ⅰ、Ⅱ、Ⅲ
5		中心线数据	Ⅰ、Ⅱ、Ⅲ
6		测量控制点	Ⅰ、Ⅱ、Ⅲ
7		穿跨越	Ⅰ、Ⅱ
8		线路阀门	Ⅰ、Ⅱ、Ⅲ

续表

序号	类型	数据表名称	适用管道类别
9	管道基础数据	水工保护	Ⅰ、Ⅱ
10		桩	Ⅰ、Ⅱ、Ⅲ
11		三通	Ⅰ、Ⅱ
12		弯头	Ⅰ、Ⅱ
13		收发球筒规格	Ⅰ、Ⅱ
14		沿线异径管	Ⅰ、Ⅱ
15		沿线封堵物	Ⅰ、Ⅱ
16		光缆	Ⅰ、Ⅱ
17		绝缘装置	Ⅰ、Ⅱ、Ⅲ
18		排流装置	Ⅰ、Ⅱ
19		牺牲阳极	Ⅰ、Ⅱ、Ⅲ
20		阳极地床	Ⅰ、Ⅱ、Ⅲ
21		测试桩	Ⅰ、Ⅱ、Ⅲ
22		阴极保护电源	Ⅰ、Ⅱ、Ⅲ
23		其他（第三方设施等）	Ⅰ、Ⅱ
24	高后果区识别和风险评价	管道高后果区识别	Ⅰ、Ⅱ、Ⅲ
25		管道风险评价	Ⅰ、Ⅱ、Ⅲ
26		地质灾害风险评价	Ⅰ、Ⅱ
27		第三方破坏风险评价	Ⅰ、Ⅱ
28	检测评价	管道内检测统计数据	Ⅰ、Ⅱ
29		管道内腐蚀直接评价数据	Ⅰ、Ⅱ、Ⅲ
30		管道外腐蚀直接评价数据	Ⅰ、Ⅱ、Ⅲ
31		防腐层等级	Ⅰ、Ⅱ、Ⅲ
32		防腐层漏损点	Ⅰ、Ⅱ、Ⅲ
33		管道本体缺陷	Ⅰ、Ⅱ
34		合于使用评价	Ⅰ、Ⅱ
35		焊缝无损检测	Ⅰ、Ⅱ
36		压力试验	Ⅰ、Ⅱ、Ⅲ

续表

序号	类型	数据表名称	适用管道类别
37	检测评价	土壤腐蚀性	Ⅰ、Ⅱ
38		阴极保护有效性评价	Ⅰ、Ⅱ、Ⅲ
39		管道电位测试记录	Ⅰ、Ⅱ、Ⅲ
40		交流干扰调查记录	Ⅰ、Ⅱ
41		直流干扰调查记录	Ⅰ、Ⅱ
42		绝缘装置测试记录	Ⅰ、Ⅱ、Ⅲ
43		牺牲阳极测试记录	Ⅰ、Ⅱ、Ⅲ
44		阴极保护电源调查记录	Ⅰ、Ⅱ、Ⅲ
45	维修维护	管道绝缘层修复数据	Ⅰ、Ⅱ、Ⅲ
46		管道本体缺陷修复数据	Ⅰ、Ⅱ、Ⅲ
47		管道更换情况动态表	Ⅰ、Ⅱ、Ⅲ
48		内腐蚀控制	Ⅰ、Ⅱ、Ⅲ
49		第三方施工	Ⅰ、Ⅱ、Ⅲ
50		管道浮露管	Ⅰ、Ⅱ、Ⅲ
51		管道周边建筑物	Ⅰ、Ⅱ、Ⅲ
52		管道运行日数据	Ⅰ、Ⅱ、Ⅲ
53		清管收发球数据	Ⅰ、Ⅱ、Ⅲ
54		油品监测	Ⅰ、Ⅱ
55		气质监测	Ⅰ、Ⅱ
56		水质监测	Ⅰ、Ⅱ
57		细菌检测	Ⅰ
58		腐蚀挂片	Ⅰ、Ⅱ、Ⅲ
59		腐蚀探针	Ⅰ、Ⅱ、Ⅲ
60	效能评价	管道完整性管理方案	Ⅰ、Ⅱ、Ⅲ
61		气田管道失效数据	Ⅰ、Ⅱ、Ⅲ
62		完整性管理执行结果	Ⅰ、Ⅱ、Ⅲ
63		管道效能指标数据	Ⅰ、Ⅱ、Ⅲ

第三节　管道历史数据恢复方法

由于在传统的管道建设、管理过程中，管道建设与管理数据管理的数字化程度低，管道各种技术数据、历史数据资料缺失严重、精度不高、格式不统一、特别是缺乏地理位置信息。所以为了保证管道完整性管理的良好运行，在首个完整性管理循环中，必须进行大规模的管道数据恢复工作，以满足完整性管理相关要求。

一、不同阶段数据恢复的重点

由于在进行完整性管理数据恢复时，需要恢复的数据种类繁杂，如何科学高效地整合、处理与组织入库，为管道完整性数据系统提供高质量的数据，是数据恢复需要解决的重要问题。

一般来说，不同完整性管理等级对数据的完备性有着不同需求，在进行数据恢复时，应遵循在满足较低的管理等级对数据的要求的基础上，逐步补充收集数据，以满足更高的管理要求。按照数据的完备程度，可以将原始基础数据分为五个阶段。

1. 原始数据管理状态

在此状态管道的基础信息表单信息缺失，相应基础信息分散与各类竣工、检测资料之中尚未进行整理，管道管理定位以地名、桩号作为索引。在此状态下，数据的完备程度不足以开展完整性管理工作，此时数据恢复的重点应是建立绝对里程索引，完善基础信息。

确认管道及管道附件的基础信息主要包括：

（1）管道基础信息。

（2）管道设施。

（3）阴极保护设施基础信息。

管道及管道附件基础信息恢复的主要方式是通过查阅设计资料，对相应的管道数据进行核实、补充。其中部分难以查证的信息，可以结合常规检测进行恢复。

2. 基于台账的管理状态

在此状态下管道的基础信息表单信息基本齐全，定位与索引方式为以绝对里程与相对桩号共同索引，检测评价数据分散于各自制台账与检测报告之中。在此状态下，管道已经初步具备开展完整性管理的条件，但由于动态数据的缺失，无法做到基于风险。此时数据恢复的重点应是采集重点部位的精确地理坐标、完善管道检测评价数据与运行动态数据。

在进行重点部位的精确地理坐标采集时，建议采集精确坐标的重点主要包括：

（1）管道沿线场站、阀室的坐标。

（2）作为相对位置定位的测试桩坐标。

（3）高后果区起止点的坐标。

（4）检测出的严重缺陷点。

在进行动态数据的收集与采集时，应先明确要求尚未提交数据的检测、评价工作按照最新的要求进行，同时对历史检测评价数据进行逐步恢复。在此过程中涉及的主要动态数据包括：

（1）管道运行数据。

（2）检测评价数据。

（3）阴极保护测试信息。

（4）维修维护。

（5）风险管理。

（6）巡线管理。

（7）效能评价中完整性管理方案与执行结果部分。

3. 基于数据表单的管理状态

在此状态下管道的基础信息表单信息基本齐全，定位与索引方式为以绝对里程与相对桩号共同索引，检测评价数据已整理成统一的表单台账。在此状态下，管道已经完全具备开展完整性管理的条件，但由于地理信息数据不全，无法将地理信息与历次检测准确对齐。此时数据恢复的重点应是采集重点部位的精确地理坐标、完善管道检测评价数据与运行动态数。主要内容包括：

（1）基于 GIS 的管道管理系统建立。

（2）管道中心线坐标采集。

（3）管道周边带状图测绘。

（4）管道缺陷坐标采集。

（5）线路关键节点测绘。

在完成 GIS 系统构建并采集相关地理信息与坐标后，管道数据管理进入基于 GIS 的管道管理状态。

4. 基于 GIS 管理状态

在此状态下管道的基静态与动态齐全，定位与索引方式为以绝对里程与地理信息为主，管道所有数据均与地理信息进行了初步关联。在此状态下，数据系统已能满足较高完整性管理水平的需求。此阶段下，数据管理提升的重点是如何结合管道管理制度规定的要求，建立合适的完整性管理体系。主要内容应包含以下几点：

（1）完善的上报机制。

（2）系统的作业管理。

（3）信息化的资料采集。

（4）基于数据库的资料管理。

（5）历史检测评价数据的对齐。

5. "智能化"的管道管理系统

完整性数据管理的最终状态是基于完备的静态与动态数据库，具备自动识别、自动报告、自动判断与自动响应乃至自动决策的智能化管道管理系统。如何合理地构建"智能化"的管道完整性管理系统是目前完整性数据管理发展的前沿方向。

二、静态数据的恢复

在进行管道数据恢复时，需先明确现有的数据完备程度最终需要达到的数据管理状态，为保证完整性管理体系的良好运行，应至少达到基于表单的数据管理状态。

在确定数据恢复目标后，对于静态数据，新数据应按照新的要求进行数据的收集，而对于历史数据则开展数据恢复工作。静态数据建议恢复方式见表 2-3-1。

表 2-3-1　静态数据建议恢复方式

数据类型	建议恢复方式
管道、附属设施及场站、阀室的基础信息	查询竣工资料逐项核实
管道材质	结合直接评价的坑检工作，进行光谱分析等无损材质测试
管道走向、三桩、附属设施信息	结合敷设环境调查进行
管道中心线坐标	进行专项测绘，应使用实时动态差分法（RTK）测试高精度坐标
三桩、附属设施坐标	在敷设环境调查中增加高精度坐标采集

三、动态数据的恢复

对于管道运行类动态数据，应采取新入库数据按照新的标准进行收集的方式，在一个完整性管理周期内完成数据的更新。

对于检测评价类数据，在确认管道数据恢复计划后，对于尚未完工的检测评价工作应按照新的数据标准进行验收，对于历史检测数据，可按管道重要性程度逐步进行恢复。

由于检测评价使用的定位记录方式多是使用的绝对里程，而每次测试的绝对里程均存在一定的误差，不同时期的检测评价数据在入库时需要先对管道定位信息进行对齐。在进行管道数据对齐时，建议优先使用中心线测绘得到的里程。

第四节　管道数据采集应用实例

一、油田管道应用实例

塔里木油田管辖的管道涵盖油田和气田的净化油气管道、集输管道、站场管道和公用燃气管道，且分布点多线长，在"两新两高"、少人高效的管理体制下，开展管道信息化、数字化建设是必须的、必要的。

塔里木油田从 2008 年起开始管道信息化建设。截至 2019 年，与管道和站场完整性管理数据采集与应用直接相关的信息系统有两套，分别是管道管理系统、A11 系统（油气生产物联网系统）。此两系统均暂时录入不了的其他完整性管理数据，依照塔里木油田制订的基础数据表单采集数据后，以电子文档方式储存。

管道管理系统原为压力管道管理信息系统，是 2008 年引进并二次开发建设的，共有 9 个模块 29 个子系统，涵盖管道基本信息管理、管道运行信息管理、管道检验计划管理、管道检验实施管理、管道超标缺陷管理、管道检测管理、承包商管理、基于风险的检测（RBI）数据管理、系统维护管理等，信息格式包括属性数据、单条管道空视图和站场管道仪表流程图（PID）、单条管道照片、各类报告文档等，如图 2-4-1 所示。从 2009 年起，压力管道管理信息系统在全油田推广应用，并全面排查、整理、录入在用管道信息。2014 年对压力管道管理信息系统进行了大的升级完善，由原来的 B/S 与 C/S 并行改成 B/S 运行，并推进新建管道信息化建设与工程建设同步开展，实现数字化移交。2019年对压力管道管理信息系统再次进行了大的升级完善，补全了现阶段开展油气田管道和站场完整性管理所需求的管道和站场分类、管道高后果区识别和风险评价、管道失效统计分析、完整性管理文档库等功能模块，并更名为管道管理系统。截至2019年底，管道管理系统已入库管道53599条，PID 739幅，管道空视图47034幅，管道照片42519张，数据项达6895.6万项，基本实现油田管道全覆盖。

图2-4-1 管道管理系统功能及数据格式示意图

油气生产物联网系统（A11系统）于2015年在塔里木油田开展试点，先后建成油气生产物联网、油气运销管道物联网、炼化物联网，并进行了集成，涵盖了油田生产、储运、炼化、销售各个环节，分为集成展示、设计建设、油气生产、集输处理、储运销售、炼化销售等子系统，如图2-4-2所示。

在储运销售子系统中，开发建设了长输管道管理和站场管理模块。长输管道管理模块主要功能有：智能巡线、管道生产运行、管道风险数据采集、管道运行数据采集、综合数据浏览、管道分析（结果统计），如图2-4-3所示。站场管理模块主要功能有：完整性资料管理、风险识别与分析、完整性评价、减缓措施、效能评价、统计分析、三维可视化，如图2-4-4所示。

截至2019年底，A11系统储运销售子系统已完成36条净化油气管道、7座站场的数字化建设。

2019年，塔里木油田发布了油气田管道和站场完整性管理基础数据采集表单，共包括：碳钢管道完整性管理基础数据采集表单（目录详见表2-4-1）、双金属复

图 2-4-2　A11 系统登录界面图

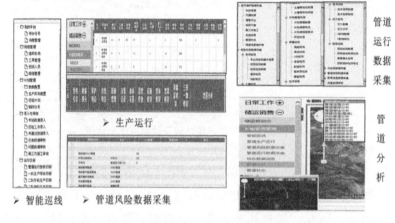

图 2-4-3　A11 系统长输管道管理功能模块示意图

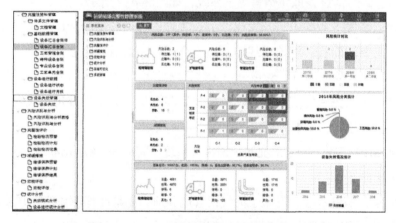

图 2-4-4　A11 系统站场管理功能模块示意图

合管管道完整性管理基础数据采集表单（目录详见表 2-4-2）、不锈钢管道完整性管理基础数据采集表单（目录详见表 2-4-3）、柔性复合管管道完整性管理基础数据采集表单（目录详见表 2-4-4）、玻璃钢管道完整性管理基础数据采集表单（目录详见表 2-4-5）、钢骨架复合管管道完整性管理基础数据采集表单（目录详见表 2-4-6）、站场完整性管理基础数据采集表单（目录详见表 2-4-7）共七大类。

表 2-4-1　碳钢管道完整性管理基础数据采集表单目录

序号	类别	数据表名称	管道分类	采集阶段	备注
1	管道中心线	管道中心线	Ⅰ、Ⅱ、Ⅲ	建设期、运行期	
2	管道设施	管道基本信息	Ⅰ、Ⅱ、Ⅲ	建设期、运行期	
3		管道途经站场阀室	Ⅰ、Ⅱ	建设期、运行期	
4		管道封堵物	Ⅰ、Ⅱ、Ⅲ	建设期、运行期	
5		管道弯头	Ⅰ、Ⅱ、Ⅲ	建设期、运行期	
6		管道桩	Ⅰ、Ⅱ、Ⅲ	建设期、运行期	
7		管道三通	Ⅰ、Ⅱ、Ⅲ	建设期、运行期	
8		管道阀门	Ⅰ、Ⅱ、Ⅲ	建设期、运行期	
9		管道穿跨越	Ⅰ、Ⅱ、Ⅲ	建设期、运行期	
10		水工保护	Ⅰ、Ⅱ	建设期、运行期	
11	阴极保护	阳极地床	Ⅰ、Ⅱ、Ⅲ	建设期、运行期	
12		阴极保护电源	Ⅰ、Ⅱ、Ⅲ	建设期、运行期	
13		绝缘装置	Ⅰ、Ⅱ、Ⅲ	建设期、运行期	
14		排流装置	Ⅰ、Ⅱ、Ⅲ	建设期、运行期	
15	第三方设施	第三方设施	Ⅰ、Ⅱ、Ⅲ	建设期、运行期	
16		光缆	Ⅰ、Ⅱ、Ⅲ	建设期、运行期	
17	高后果区数据	管道高后果区	Ⅰ、Ⅱ、Ⅲ	建设期、运行期	
18	基线检测	管道基线内检测	Ⅰ	建设期、运行期	

表 2-4-2　双金属复合管管道完整性管理基础数据采集表单目录

序号	类别	数据表名称	管道分类	采集阶段	备注
1	管道中心线	管道中心线	Ⅰ、Ⅱ、Ⅲ	建设期、运行期	
2	管道设施	管道基本信息	Ⅰ、Ⅱ、Ⅲ	建设期、运行期	
3		管道封堵物	Ⅰ、Ⅱ、Ⅲ	建设期、运行期	

序号	类别	数据表名称	管道分类	采集阶段	备注
4	管道设施	管道弯头	Ⅰ、Ⅱ、Ⅲ	建设期、运行期	
5		管道桩	Ⅰ、Ⅱ、Ⅲ	建设期、运行期	
6		管道三通	Ⅰ、Ⅱ、Ⅲ	建设期、运行期	
7		管道阀门	Ⅰ、Ⅱ、Ⅲ	建设期、运行期	
8		管道穿跨越	Ⅰ、Ⅱ、Ⅲ	建设期、运行期	
9		管道途经站场阀室	Ⅰ、Ⅱ	建设期、运行期	
10		水工保护	Ⅰ、Ⅱ	建设期、运行期	
11	阴极保护	阳极地床	Ⅰ、Ⅱ、Ⅲ	建设期、运行期	
12		阴极保护电源	Ⅰ、Ⅱ、Ⅲ	建设期、运行期	
13		绝缘装置	Ⅰ、Ⅱ、Ⅲ	建设期、运行期	
14		排流装置	Ⅰ、Ⅱ、Ⅲ	建设期、运行期	
15	第三方设施	第三方设施	Ⅰ、Ⅱ、Ⅲ	建设期、运行期	
16		光缆	Ⅰ、Ⅱ、Ⅲ	建设期、运行期	
17	高后果区数据	管道高后果区	Ⅰ、Ⅱ、Ⅲ	建设期、运行期	

表2-4-3 不锈钢管道完整性管理基础数据采集表单目录

序号	类别	数据表名称	管道分类	采集阶段	备注
1	管道中心线	管道中心线	Ⅰ、Ⅱ、Ⅲ	建设期、运行期	
2	管道设施	管道基本信息	Ⅰ、Ⅱ、Ⅲ	建设期、运行期	
3		管道途经站场阀室	Ⅰ、Ⅱ、Ⅲ	建设期、运行期	
4		管道封堵物	Ⅰ、Ⅱ	建设期、运行期	
5		管道弯头	Ⅰ、Ⅱ	建设期、运行期	
6		管道桩	Ⅰ、Ⅱ、Ⅲ	建设期、运行期	
7		管道三通	Ⅰ、Ⅱ	建设期、运行期	
8		管道阀门	Ⅰ、Ⅱ	建设期、运行期	
9		管道穿跨越	Ⅰ、Ⅱ	建设期、运行期	
10		水工保护	Ⅰ、Ⅱ	建设期、运行期	
11	第三方设施	第三方设施	Ⅰ、Ⅱ、Ⅲ	建设期、运行期	
12		光缆	Ⅰ、Ⅱ、Ⅲ	建设期、运行期	
13	高后果区数据	管道高后果区	Ⅰ、Ⅱ、Ⅲ	建设期、运行期	

表 2-4-4 柔性复合管管道完整性管理基础数据采集表单目录

序号	类别	数据表名称	管道分类	采集阶段	备注
1	管道中心线	管道中心线	I、II、III	建设期、运行期	
2	管道设施	管道基本信息	I、II、III	建设期、运行期	
3		管道途经站场阀室	I、II、III	建设期、运行期	
4		管道接头	I、II、III	建设期、运行期	
5		管道桩	I、II、III	建设期、运行期	
6		管道三通	I、II	建设期、运行期	
7		管道穿跨越	I、II	建设期、运行期	
8		水工保护	I、II	建设期、运行期	
9	第三方设施	第三方设施	I、II、III	建设期、运行期	
10		光缆	I、II、III	建设期、运行期	
11	高后果区数据	管道高后果区	I、II、III	建设期、运行期	

表 2-4-5 玻璃钢管道完整性管理基础数据采集表单目录

序号	类别	数据表名称	管道分类	采集阶段	备注
1	管道中心线	管道中心线	I、II、III	建设期、运行期	
2	管道设施	管道基本信息	I、II、III	建设期、运行期	
3		管道途经站场阀室	I、II、III	建设期、运行期	
4		管道弯头	I、II、III	建设期、运行期	
5		管道桩	I、II、III	建设期、运行期	
6		管道三通	I、II	建设期、运行期	
7		管道接头	I、II、III	建设期、运行期	
8		管道穿跨越	I、II	建设期、运行期	
9		水工保护	I、II	建设期、运行期	
10	第三方设施	第三方设施	I、II、III	建设期、运行期	
11		光缆	I、II、III	建设期、运行期	
12	高后果区数据	管道高后果区	I、II、III	建设期、运行期	

表 2-4-6　钢骨架复合管管道完整性管理基础数据采集表单目录

序号	类别	数据表名称	管道分类	采集阶段	备注
1	管道中心线	管道中心线	Ⅰ、Ⅱ、Ⅲ	建设期、运行期	
2	管道设施	管道基本信息	Ⅰ、Ⅱ、Ⅲ	建设期、运行期	
3		管道途经站场阀室	Ⅰ、Ⅱ、Ⅲ	建设期、运行期	
4		管道弯头	Ⅰ、Ⅱ、Ⅲ	建设期、运行期	
5		管道桩	Ⅰ、Ⅱ、Ⅲ	建设期、运行期	
6		管道三通	Ⅰ、Ⅱ	建设期、运行期	
7		管道穿跨越	Ⅰ、Ⅱ	建设期、运行期	
8		水工保护	Ⅰ、Ⅱ	建设期、运行期	
9	第三方设施	第三方设施	Ⅰ、Ⅱ、Ⅲ	建设期、运行期	
10		光缆	Ⅰ、Ⅱ、Ⅲ	建设期、运行期	
11	高后果区数据	管道高后果区	Ⅰ、Ⅱ、Ⅲ	建设期、运行期	

表 2-4-7　站场完整性管理基础数据采集表单

序号	数据采集内容	数据类型	站场分类	采集阶段	备注
1	站场名称	文本	一、二、三	建设期、运营期	
2	站场类型	文本	一、二、三	建设期、运营期	
3	站场完整性管理分类	文本	一、二、三	建设期、运营期	
4	设计规模	文本	一、二、三	建设期	
5	设计压力	数字	一、二、三	建设期	
6	主要设备	文本	一、二、三	建设期、运营期	
7	主要工艺	文本	一、二、三	建设期、运营期	
8	建筑面积	数字	一、二、三	建设期	
9	占地面积	数字	一、二、三	建设期	
10	周边环境	文本	一、二、三	建设期、运营期	
11	总投资	数字	一、二、三	建设期	
12	设计单位	文本	一、二、三	建设期	
13	施工单位	文本	一、二、三	建设期	
14	监理单位	文本	一、二、三	建设期	
15	无损检测单位	文本	一、二、三	建设期	
16	备注	文本	一、二、三	建设期、运营期	

期间，为规范压力管道信息化建设和净化油气管道数字化建设工作，塔里木油田先后制定了企业标准 Q/SY TZ 0042《压力管道管理信息系统数据采集建档规范》、Q/SY TZ 0459《油气长输管道建设期数据采集规范》，确保了采集入库数据的完整性。

目前，中国石油塔里木油田分公司已制定了《油气田管道和站场建设期完整性管理设计专章编制基本要求》《油气田管道和站场建设期施工阶段完整性管理专项方案编制基本要求》，将压力管道信息化建设、净化油气管道数字化建设、油气田管道和站场建设期完整性管理数据采集与整合等工作纳入，要求与地面工程建设项目同步设计、同步施工、同步验收，推进油气田管道和站场建设期完整性管理数据采集与储存、录入的规范化、常态化。

二、气田管道应用实例

2006 年随着中国石油西南油气田管道完整性管理工作的开展，管道相关的数据日益增多，同时管网分布更复杂。而当时压力管道普遍存在原始资料严重不齐全的情况，各使用单位对于管道的管理均处于书面台账管理模式，而台账的内容也仅仅是管道设计运行的基本参数与简单的管线走向示意图。显然，这种管理方式已经远远不能满足管道完整性管理的需求，各种弊端逐渐显露。对于如此庞大的管网系统，亟需形成系统化的管理机制。

1. 数据管理系统

2010 年，为规范化气田管道完整性管理数据管理，西南油气田分公司建立了管道与场站完整性管理系统。

管道与场站数据管理系统是在 GIS 基础上，接收西南油气田分公司天然气管网测绘及信息数字化处理的 1∶500、1∶2000 天然气管线带状图测绘数据和采集的管道场站属性数据，辅以川渝两地 1∶50000 的基础地理信息数据。系统包括数字化图（DLG）、数字高程模型（DEM）、数字正射影像图（DOM），并融入管道设计、施工、维护、检测及维修等数据，参照管线地理数据模型（APDM），基于 Oracle 数据库和 ArcGIS 地图软件，以 C/S 或 B/S 相结合的方式，构建的天然气管道及场站数据管理系统平台（图 2-4-5）。

目前已集成的管道及场站数据管理系统包括：管道场站系统、数字化系统、完整性管理系统、腐蚀监测系统、月报系统，以及数据管理系统等六项子系统。其主要系统功能如下。

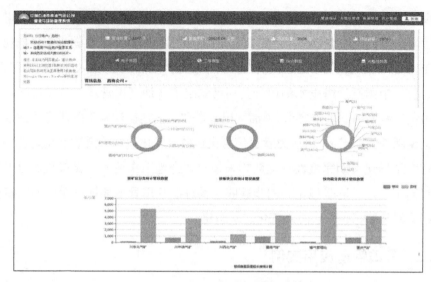

图 2-4-5　管道与场站数据管理系统

管道及场站系统主要分为管道模块和场站阀室模块。管道管段模块中包含了数据查询（管道管段查询、数据综合查询）、管网示意图、管道统计三大模块。场站阀室模块中包含了数据查询（站场阀室查询、站场综合查询）、站场工艺流程图、站场统计三大模块。

完整性管理系统：主要功能是收集、管理西南油气田分公司历年完成的检测、评价、修复数据，实现数据从分散管理到规范、集中管理，为相关管理人员制订下一次的检测、修复计划提供快捷、全面的数据支撑。完整性数据系统共包含七大模块，共计整合35类数据。七大模块包含：完整性管理方案、高后果区识别、风险评价、完整性评价、维修与维护、效能评价和标准规范。

生产月报填报系统：整合了西南油气田分公司现有17类集输工程月报，实现了月报的填报、修改、审批、查询等功能，对提高工作效率、减少重复工作提供了有效的手段。工程月报系统满足了规范月报表格、数据自动生成、数据网上传输、用户分级管理等四项基本功能。

腐蚀检测系统：管道预警功能模块、图上选择功能模块、分级查询功能模块、监测点预警功能模块、检测点分布功能模块、腐蚀状况统计功能模块和管道腐蚀方案功能模块。

2.管道建设期数据

为解决完整性管理对管道建设期信息的需求与传统竣工移交方式之间的矛盾，

规范管道建设期的数据采集工作，西南油气田分公司编制《油气田地面建设数字化工程信息移交规范》用于指导数字化移交工作。通过规范建设单位提供的数据格式、结构、内容与质量要求，提高管道数字化移交的质量。同时，在移交规范的基础上，西南油气田分公司建立了地面建设数字化移交平台，平台已在多个重点建工程区块开展设计、采购、施工信息的数字化移交试点（图 2-4-6）。

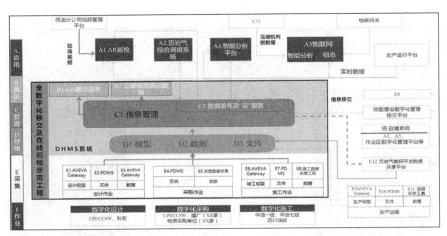

图 2-4-6　油气田地面建设数字化工程信息移交系统示意图

3.管道运行数据

为提高管道运行数据收集的准确性与及时性，除生产管理系统外，西南油气田分公司额外建立了"作业区数字化平台"与"管道巡护平台"（图 2-4-7）。

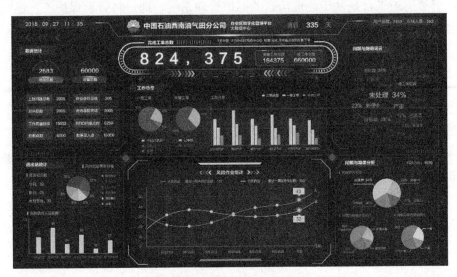

图 2-4-7　作业区数字化平台图

作业区数字化平台，通过将作业区的日常管理工作与维护工作的流程、标准与要求固化，实现了现场操作人员使用个人终端与技术人员及管理人员互联，实现了实时指导、实时监督的功能，从而实现基层管理"岗位标准化、属地规范化、管理数字化"。在数据收集方面，作业区数字化平台实现了在进行维护工作的同时将产生数据实时记录的功能（图2-4-8）。

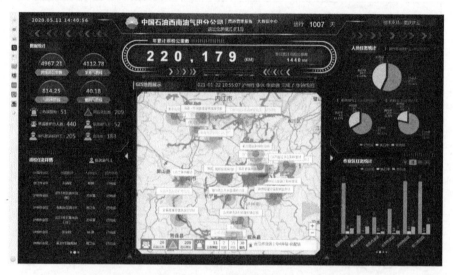

图2-4-8　管道巡护平台图

管道巡护平台是基于地理信息的巡护管理系统，通过将管道保护工、巡线员的日常工作内容纳入系统。实现了实时掌握所有巡线人员的位置，现灵活调配人员，同时提高了巡护数据、阴极保护数据采集的准确性与时效性。

4.管道检测评价数据

在检测评价数据的收集方面，西南油气田分公司采取的是由检测评价承揽单位进行收集，并在项目验收同时提交符合要求的数据表单的形式进行收集。

同时，为了满足智能化管道的要求，西南油气田分公司目前正在逐步对进行过智能内检测的管道开展管道数字化恢复工作。

在进行管道数字化恢复时一般采用图2-4-9中的流程。

主要工作内容如下：

（1）空间数据质量验证。空间数据质量验证的目的是确认管道中线及桩等数据位置精度，以此为基础逐步建立一套高精度的管道中心线及桩、站场等沿线设

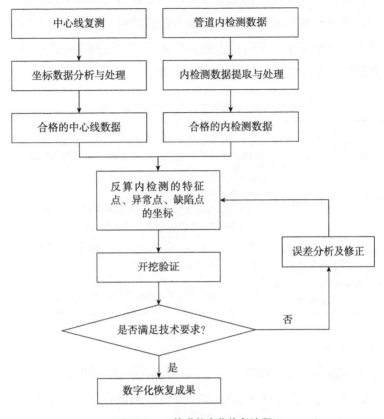

图 2-4-9 管道数字化恢复流程

施数据。数据精度验证工作包括测绘数据现状分析、坐标系转换、数据位置精度验证。

（2）管道中心线复测。若空间数据验证精度不合格，应组织开展复测。管道中心线及设施测量范围应覆盖管道全线包括从近出站口至收发球筒部分站内管道，以便于内检测数据对齐。管道地面标记是运营管理主要的定位参照物，直接影响到高后果区、高风险管段、第三方开挖、应急抢险等定位和上报，因此除管道中线位置外，三桩坐标位置不合格的必须重点复测整改。大规模复测工作可由具备资质的外部专业测绘单位具体实施。

（3）管道数据对齐与整合的主要内容包括，数据分析与处理；测绘数据与内检测数据对齐；管道运营期数据整理入库并与测绘数据对齐与管道外检测数据整理入库并与测绘数据对齐几个方面的工作内容，其详细内容见表 2-4-8。

通过管道数据对齐工作，将完整性管理动态数据与地理信息进行了有机的结合，可以实现突破传统的依据相对里程进行定位的模式，实现了直接通过高精度地理坐标信息指导现场工作可以极大地提高各项日常管理工作的效率，同时数据对齐也是完整性管理失效数字化、信息化的基础。

表 2-4-8　数据对齐的主要工作内容明细表

序号	工作内容	详细内容
1	数据分析与处理	对复测的中心线数据、建设期数据、检测评价数据进行分析处理
2	测绘数据与内检测数据对齐	管道内检测数据特征类别归一化； 测绘数据与内检测特征点对齐； 通过已对齐的内检测特征点反算环焊缝空间坐标； 管道内检测缺陷数据空间位置生成入库
3	管道运营期数据整理入库并与测绘数据对齐	管道运营期高后果区、风险评价、地质灾害评价、穿越、水保、修复信息等数据整理入库
4	管道外检测数据整理入库并与测绘数据对齐	管道外检测数据分类、坐标数据整理，入库

5. 管道管理平台

为满足西南油气田分公司管道管理部对西南油气田采集输管道全面数字化管理的需求，西南油气田分公司于 2019 年立项开发新的管道完整性管理平台。管道管理平台覆盖西南油气田分公司及所属单位管道管理，包括管道工作计划管理、管道运行管理、管道腐蚀防护、管道完整性检测评价及修复管理、管道大修管理、管道隐患及应急管理、资料与信息管理等，实现对西南油气田分公司输气管道相关的基础工作进行管理。

新平台将从业务上整合与覆盖管道计划管理、管道巡护管理、管道运行监测、管道完整性管理、管道腐蚀防护、管道隐患治理、应急管理等九大领域，技术上遵从西南油气田分公司统一 SOA 技术平台，通过 ESB 数据总线与相关信息系统实现数据集成（图 2-4-10）。

以管道管理平台为核心，借助于 SOA 数据服务集成平台，实现与相关平台（系统）进行有效的数据集成、数据服务、应用集成（图 2-4-11）。

管道管理平台服务器部署在西南油气田分公司，服务器作为主服务器，储存数据库、应用程序等。西南油气田分公司各机关处室用户以及下属二级单位均可通过公司内网通过应用端来访问。系统在西南区域数据中心部署统一的应用服务

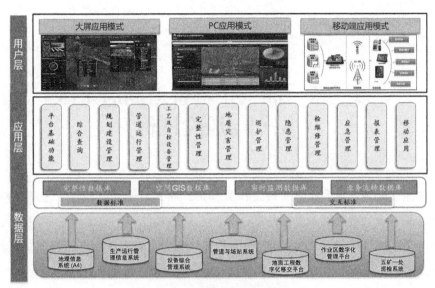

图 2-4-10 管道管理平台总体架构

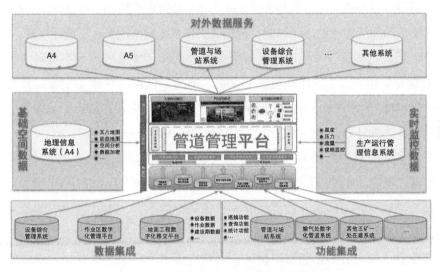

图 2-4-11 管道管理平台与其他平台的交互

器和数据服务器，西南油气田分公司机关处室、五矿一处、技术支撑单位用户利用 PC 桌面，借助于西南油气田分公司统一的办公网络，来使用西南区域数据中心云端的各类应用。而对于现场巡护人员等外网移动用户通过统一的移动应用平台访问内网。

第三章　油气集输管道高后果区
识别与风险评价

在油气集输管道完整性管理工作流程中，油气集输管道高后果区识别和风险评价，居于十分突出的位置，是基于风险的完整性管理的重要技术手段。通过高后果区识别和风险评价，管理者可以明确完整性管理工作重点，合理制订检测、修复计划，科学调度人力、物力和资金，优化资源配置。

在管道完整性管理中，风险包括失效可能性和失效后果两层含义。失效后果是指输送易燃、易爆或有毒、有害介质（或产品）管道发生泄漏，甚至燃烧、爆炸时，对公共安全和环境造成的不利影响，包括人员伤亡、财产损失，环境污染等。

高后果区是指管道发生泄漏后可能会对公众和环境造成较大不良影响［严重危及公众安全和（或）破坏环境］的区域。高后果区内的管段是实施完整性管理（风险评价和完整性评价）的重点管段。管道管理单位必须在高后果区管段上实施管道完整性管理计划，以保护公众生命财产和环境的安全。

高后果区与管道周边的环境有密切关系。人口及建筑物聚集程度高的地区，或者水源、河流、水库等环境敏感区域，是形成高后果区的主要环境因素。

高后果区与管道输送介质类型有关。输送介质不同，失效后果表现形式存在差别，影响高后果的因素也有所不同。比如，天然气管道失效后果主要表现为燃烧、爆炸造成的人员伤亡和财产损失，天然气管道高后果区通常与人或建筑物的聚集程度有关。对于原油输送管道，管道失效后果除燃烧造成人员伤亡和财产损失外，还表现为介质泄漏对环境造成的损害。原油管道后果区除了考虑人或建筑物的聚集程度外，还与水源、河流、水库等环境敏感因素有关。

对于易形成突发性公共安全后果的天然气管道，除了人口聚集程度外，商场、学校、医院、监狱、寺庙、集市特定的人群聚集等场所，在突发性公共安全时，由于人口聚集度异常高，给快速疏散造成困难，上述场所是天然气管道高后果区组成因素。

高后果区与管道直径和运行压力有关。特定条件下，管道失效后果的大小取决于泄漏量。相对于较小口径和较低输送压力的油气管道，较大口径、较高输送压力，在相同时间内，将有更大的泄漏量和影响范围。

高后果区并不是一成不变的，随着管道周边人口和环境的变化，高后果区的位置和范围也会随之改变。因此，管道管理单位对高后果区也需定期重新分析，及时掌握需要采取完整性管理计划的重点区段，保障管道的安全运营。

高后果区管道识别是根据管道周围人口、环境因素及管道自身的因素，按照特定规范规定的准则，对高后果区的位置、影响范围或者程度进行识别的过程。

由于不同输送介质的管道需要考虑的因素存在较大的差别，在高后果区后识别时，原油管道、天然气管道、含硫气管道高后果区后识别采用不同的识别原则。

相对于长输管道，油气田内部的油气集输管道，由于在介质、管径、长度、压力、敷设条件、运行工况等方面存在较大的差异，油气田内部的油气集输管道高后果区识别，根据输送介质类型、管道分类，在识别准则和具体的实施方案上，采用了差异化识别策略，以降低高后果区识别成本，提高识别精度。

油气管道风险评价是对管道失效发生概率以及失效产生的后果大小进行评估的过程。根据评价方法的量化特征，油气管道风险评价可分为定性风险评价、半定量风险评价和定量风险评价。不同的评价方法有着不同的数据量需求、不同的评价指标体系和风险计算和分级方法。

随着计算机技术的应用，基于数据库和地理信息技术的管道高后果区识别技术和风险评价技术，为油气田油气集输管道高后果区识别和风险评价提供了新的、更为高效的解决方案。

第一节 油气集输管道高后果区识别

一、管道高后果区识别一般原则

1. 地区等级划分

根据 GB 50251—2015《输气管道工程设计规范》，按管道沿线居民户数和（或）建筑物的密集程度等划分等级，分为四个地区等级，相关规定如下。

（1）沿管线中心线两侧各 200m 范围内，任意划分成长度为 2km 并能包括最大聚居户数的若干地段，按划定地段内的户数应划分为四个等级。在农村人口聚集的村庄、大院及住宅楼，应以每一独立户作为一个供人居住的建筑物计算。地区等级应按下列原则划分。

① 一级一类地区：不经常有人活动及无永久性人员居住的区段。

② 一级二类地区：户数在 15 户或以下的区段。

③ 二级地区：户数在 15 户以上 100 户以下的区段。

④ 三级地区：户数在 100 户或以上的区段，包括市郊居住区、商业区、工业区、规划发展区以及不够四级地区条件的人口稠密区。

⑤ 四级地区：四层及四层以上楼房（不计地下室层数）普遍集中、交通频繁、地下设施多的区段。

（2）当划分地区等级边界线时，边界线距最近一户建筑物外边缘应不小于200m。

（3）在一级、二级地区内的学校、医院以及其他公共场所等人群聚集的地方，应按三级地区选取。

（4）当一个地区的发展规划，足以改变该地区的现有等级时，应按发展规划划分地区等级。

2. 特定场所

除三级、四级地区以外，由于管道泄漏可能造成人员伤亡的潜在区域，还包括以下特定场所。

（1）特定场所 I：医院、学校、托儿所、幼儿园、养老院、监狱、商场等人群难以疏散的建筑区域。

（2）特定场所 II：在一年内至少有 50 天（时间计算可不连续）聚集 30 人或更多人的区域，包括集贸市场、寺庙、运动场、广场、娱乐休闲地、剧院、露营地等。

二、高后果区识别准则

1. 油管道高后果区识别准则

管道或管段处于如下位置时，可判定管道处于高后果区：

（1）管道经过的三级地区、四级地区。

（2）管道两侧各 200m 内有聚居户数在 50 户或以上的村庄、乡镇等。

（3）管道两侧各 50m 内有高速公路、国道、省道、铁路及易燃易爆场所等。

（4）管道两侧各 200m 内有湿地、森林、河口等国家自然保护地区或者水源、河流、大中型水库等。

2. 气管道高后果区识别准则

管道或管段处于如下位置时，可判定管道处于高后果区：

（1）管道经过的三级地区、四级地区。

（2）潜在影响半径内，有特定场所，潜在影响半径按表 3-1-1 计算。

（3）管道两侧各 200m 范围内有加油站、油库、第三方油气站场等易燃易爆场所。

表 3-1-1 潜在影响半径计算

参 数	管径<273mm	273≤管径≤762mm	管径>762mm
最大允许操作压力<1.6MPa	按式（3-1-1）计算	200m	200m
1.6MPa≤最大允许操作压力≤6.9MPa	200m	200m	200m
最大允许操作压力>6.9MPa	200m	200m	按式（3-1-1）计算

天然气管道潜在影响半径（r）计算公式：

$$r = 0.099 \sqrt{d^2 p} \qquad (3\text{-}1\text{-}1)$$

式中　d——管道外径，mm；

　　　p——管段最大允许工作压力，MPa；

　　　r——受影响区域的半径，m。

3. 含硫气管道高后果区识别准则

含硫气管道经过区域符合下列任何一条即为高后果区。

（1）硫化氢在空气中浓度达到 144mg/m³（100ppm）时，暴露半径范围内有 50 人及以上人员居住的区域，暴露半径计算公式见式（3-1-2）。

（2）硫化氢在空气中浓度达到 720mg/m³（500ppm）时，暴露半径范围内有 10 人及以上人员居住的区域，暴露半径计算公式见式（3-1-3）。

（3）硫化氢在空气中浓度达到 720mg/m³（500ppm）时，暴露半径范围内有高速公路、国道、省道、铁路及航道等的区域，暴露半径计算公式见式（3-1-3）。

根据 ASME B31.8，硫化氢暴露半径是指硫化氢浓度达到规定浓度的距离，计算公式如下。

扩散后，硫化氢为 144mg/m³（100ppm）时的情况：

$$X_m = (8.404nQ_m)^{0.6258} \qquad (3-1-2)$$

扩散后，硫化氢为 720mg/m³（500ppm）时的情况：

$$X_m = (2.404nQ_m)^{0.6258} \qquad (3-1-3)$$

式中　n——混合气体中硫化氢的摩尔分数，%；

　　　Q_m——在标准大气压和 15.6℃条件下泄漏的体积，m³，按式（3-1-4）计算。

泄漏量 Q_m 计算公式：

$$Q_m = \min(W_g \cdot t, q) \qquad (3-1-4)$$

式中　W_g——介质泄漏速度，kg/s，按式（3-1-5）计算；

　　　t——泄漏时间，s，按表 3-1-2 确定；

　　　q——泄漏管道容量，m³。

$$W_g = 0.0063S_k p\sqrt{\frac{M}{T}} \qquad (3-1-5)$$

式中　W_g——介质泄漏速度，kg/s；

　　　S_k——泄漏面积，mm²；

　　　M——介质相对分子质量；

　　　p——介质运行压力，MPa；

　　　T——介质运行温度，K。

表 3-1-2　泄漏时间估算

监测系统等级	切断系统等级	泄漏时间估算（s）		
		小规模泄漏	中等规模泄漏	较大规模泄漏
A	A	1200	600	300
A	B	1800	1800	600
B	C	2400	1800	1200

续表

监测系统等级	切断系统等级	泄漏时间估算（s）		
		小规模泄漏	中等规模泄漏	较大规模泄漏
B	A或B	2400	1800	1200
C	C	3600	1800	1200
C	A，B或C	3600	2400	1200

注：小规模泄漏指泄漏面积小于 $15mm^2$，中等规模泄漏指泄漏面积在 $15\sim500mm^2$ 之间，较大规模泄漏指泄漏面积不小于 $500mm^2$。

表 3-1-2 中监测系统等级按表 3-1-3 确定，切断系统等级按表 3-1-4 确定。

表 3-1-3　监测系统等级

监测系统类型	等级
监测关键参数的变化从而间接监测介质流失的专用设备	A
直接监测介质实际流失的灵敏的探测器	B
目测、摄像头监测等	C

表 3-1-4　切断系统等级

切断系统类型	等级
由监测设备或探测设备激活的自动切断装置	A
由操作员在操作室或其他远离泄漏点的位置人为切断装置	B
人工操作的切断阀	C

三、油气管网高后果区识别方法

1. 管网单元划分

管网单元作为管网高后果区识别最小单元，其划分原则如下：

（1）根据生产管理按特定区域或特定场所划分管网单元。

（2）管网单元以管网和场站的边界外延200m形成的封闭区域。

2. 调查统计与测绘

对管网单元内存在的以下情况进行调查、统计和测绘：

（1）特定场所。

（2）加油站、油库、第三方油气站场等易燃易爆场所。

（3）居民点。

（4）高速公路、国道、省道、铁路。

（5）湿地、森林、河口等自然保护区。

（6）水源、河流、大中型水库。

调查方法有现场调查、基于区域管网图调查、基于地理信息系统（GIS）调查。调查期间，通常需要对上述调查对象的空间位置进行测绘或确认。

当利用特定软件进行高后果区自动识别时，一般还需要对识别范围内的管道空间位置进行调查。

3. 高后果区识别

（1）地区等级划分。

根据居民点统计数据及地区等级划分方法，确定识别区域内管道穿越的地区等级，并将三级、四级地区设定为高后果区。

（2）特定场所影响范围划分。

对于天然气管道，根据特定场所统计及潜在影响区计算结果，确定特定场所的影响范围。

（3）易燃易爆场所影响范围划分。

根据易燃易爆场所调查结果及管道两侧200m识别范围，确定易燃易爆场所的影响范围。

（4）硫化氢暴露半径影响区划分。

对含硫天然气管道，根据居民点人口统计及硫化氢暴露半径计算结果，确定硫化氢暴露半径影响范围。

（5）道路、自然保护区及水源等影响范围划分。

①根据高速公路、国道、省道、铁路等统计结果计50m影响范围，确定高速公路、国道、省道、铁路等的影响范围。

②根据湿地、森林、河口等自然保护区统计结果计200m影响范围，确定湿地、森林、河口等自然保护区等的影响范围。

③根据水源、河流、大中型水库等统计结果计200m影响范围，确定水源、河流、大中型水库等的影响范围。

四、高后果区识别报告

高后果区识别报告至少包括以下内容：

（1）识别工作概况，包括识别单位、识别日期。

（2）管道基础数据调查情况。

（3）识别区人口及环境数据调查情况。

（4）管段识别统计表。

（5）管理措施。

（6）再识别日期。

五、高后果区管理

（1）管道运营期周期性开展高后果区识别，识别时间间隔最长不超过 18 个月。

（2）已确定的高后果区应定期复核，复核时间间隔一般不超过 12 个月。

（3）当管道周边环境或管道相关参数发生变化，可能影响高后果区划分时，及时进行高后果区识别和更新。

（4）对管道高后果区的变化情况进行统计和对比，分析变化原因，根据情况提出建议措施。

（5）对识别出的高后果区管道进行风险评价，根据评价结果及时采取风险消减措施，加强风险管控。

第二节　油气集输管道风险评价

风险评价的目的是识别影响管道完整性的危害因素，分析管道失效可能性计后果，判断风险水平。对管段按风险大小进行排序，确定完整性评价和实施风险消减措施的优先顺序。

一、风险评价一般原则

（1）管道投产后 1 年内应进行风险评价。

（2）高后果区管道进行周期性风险评价，其他管段根据具体情况确定是否开展评估。

（3）应根据管道分类选择合适的评价方法，Ⅰ类、Ⅱ类管道宜采用半定量风险评价方法；Ⅲ类管道宜采用定性风险评价方法；高后果区、高风险级管道或含硫气管道可开展定量风险评价。

（4）应在设计、施工阶段进行危害因素识别和风险评价，根据评价结果进行设计、施工和投产优化，规避风险。

二、管段划分

根据高后果区、地区等级、地形地貌、管道敷设土壤性质等环境数据和管道关键属性数据，沿管道变化情况进行分段。

三、定性风险评价方法

1. 数据收集

收集数据的方式包括现场踏勘、与管道管理人员访谈和查阅资料等。一般需要收集以下资料：

（1）管道基本参数。

（2）管道穿跨越、阀室等设施。

（3）第三方施工。

（4）管道内外监测报告，内容应包括内、外检测工作及结果情况。

（5）管道泄漏事故历史，含打孔盗油。

（6）管道高后果区、关键段统计，管道周围人口分布。

（7）管道输量、管道运行压力报表。

（8）阴极保护报表及每年的通/断电电位测试结果。

（9）管道更新改造工程资料，含管道改线、管体缺陷修复、防腐层大修、站场大的改造等。

（10）管道地质灾害调查/识别。

（11）管道介质分析报告。

（12）员工培训。

2. 失效可能性分析

风险失效可能性指标等级见表3-2-1。

表 3-2-1　风险失效可能性指标等级表

序号	失效可能性指标		等级
1	管道沿线是否存在露管	是 □	2
		否 □	1
2	巡线频率	一周及其以下一次 □	1
		半月以下一次 □	2
		半月及其以上一次 □	3
3	管道沿线两侧5m范围内是否存在第三方施工	是 □	3
		否 □	1
4	管道沿线两侧5m范围内是否存在违章建筑、道路、杂物占压	是 □	2
		否 □	1
5	管道沿线是否存在重车碾压且未采取相应保护措施	是 □	2
		否 □	1
6	管道沿线标志桩、警示桩是否齐全	是 □	1
		否 □	2
7	管道地面装置是否有效保护	是 □	1
		否 □	2
8	管道输送介质是否含水	是 □	2
		否 □	1
9	管道输送介质是否含硫化氢	是 □	1
		否 □	1
10	管道是否采取有效内防腐措施	是 □	1
		否 □	2
11	管道采用的防腐层类型	石油沥青、环氧煤沥青、聚乙烯胶带 □	2
		3PE □	1
12	管道外防腐层质量	好 □	1
		一般 □	2
		差 □	3
13	管道沿线是否采取阴极保护	是 □	2
		否 □	1
14	管道沿线是否存在杂散电流干扰	是 □	2
		否 □	1

续表

序号	失效可能性指标		等级
15	管道沿线敷设土壤环境腐蚀性	强□	3
		中□	2
		弱□	1
16	设计安全防御系统是否完善，设备选型是否合理	是□	1
		否□	2
17	根据运营历史和内检测结果是否存在焊缝缺陷	是□	1
		否□	2
18	是否定期举行员工培训	是□	1
		否□	2
19	是否做过管道防腐层外检测	是□	1
		否□	2
20	防腐层外检测结果如何	防腐层为1级□	1
		防腐层为2～3级□	2
		防腐层为4级□	3
21	规程与操作指导是否受控	是□	1
		否□	2
22	管道所经地形地貌	高山、丘陵、黄土区、台田地□	2
		平原、沙漠□	1
23	管道是否经过地质灾害敏感点区域，例如滑坡、地面沉降、地面塌陷的区域等	是□	2
		否□	1
24	是否存在挖掘及其他线路建设工程活动	是□	2
		否□	1

注：失效可能性等级可根据油、气管道类型和实际情况调整。

3. 失效后果分析

油管道风险失效后果等级见表 3-2-2，气管道风险失效后果等级见表 3-2-3。

表 3-2-2 油管道风险失效后果等级表

序号	失效后果指标		等级
1	管道经过的地区等级	四级地区	3
		三级地区	2
		一级、二级地区	1
2	管道两侧各200m内有聚居户数在50户或以上的村庄、乡镇	是 □	2
		否 □	1
3	管道两侧各50m内有高速公路、国道、省道、铁路及易燃易爆场所	是 □	2
		否 □	1
4	管道两侧各200m内是否有湿地、森林、河口等国家自然保护地区	是 □	2
		否 □	1
5	管道两侧各200m内是否有水源、河流、大中型水库	是 □	2
		否 □	1

表 3-2-3 气管道风险失效后果等级表

序号	失效后果指标		等级
1	管道经过的地区等级	四级地区	3
		三级地区	2
		一级、二级地区	1
2	管道经过一级、二级地区时，管道两侧各200m内是否存在医院、学校、托儿所、养老院、监狱、商场等人群难以疏散的建筑区域	是 □	2
		否 □	1
3	管道经过一级、二级地区时，管道两侧各200m内是否存在集贸市场、寺庙、运动场、广场、娱乐休闲地、剧院、露营地等	是 □	2
		否 □	1
4	管道两侧各200m内是否有高速公路、国道、省道、铁路	是 □	2
		否 □	1
5	管道两侧各200m内是否有易燃易爆场所	是 □	2
		否 □	1

4. 风险计算及风险等级分级

（1）风险失效可能性等级根据风险失效可能性指标确定每项等级。即失效可能性指标和除以管道失效可能性指标实际项数（N_i）后向上圆整（如若计算的 P 值为1.1，向上圆整后，其取值为2），见下式：

$$P = \text{ROUNDUP} \frac{\sum P_i}{N_i} \qquad （3-2-1）$$

式中　P——失效可能性等级；

　　　P_i——失效可能性指标每项等级；

　　　N_i——管道失效可能性指标实际项数。

（2）失效后果等级根据风险失效后果指标确定每项指标等级。即失效后果指标和除以管道失效后果指标实际项数（N_j）后向上圆整（如若计算的 P 值为1.1，向上圆整后，其取值为2），见下式：

$$C = \text{ROUNDUP} \frac{\sum C_i}{N_j} \qquad （3-2-2）$$

式中　C——失效后果等级；

　　　C_j——失效后果指标每项等级；

　　　N_j——管道失效后果指标实际项数。

（3）失效可能性等级、后果等级结合风险矩阵确定管道风险等级。

根据事故发生的可能性和严重程度等级，将风险等级分为三级：低、中、高，见表3-2-4。

表 3-2-4　风险等级标准

后果严重程度		失效可能性		
		较不可能	偶然	可能
		1	2	3
轻微的	1	低	低	中
较大的	2	低	中	中
严重的	3	中	中	高

5. 风险减缓措施

风险等级与安全对策措施响应要求见表3-2-5。

表 3-2-5　风险等级与安全对策措施响应要求

风险等级	要　　求
低	可接受风险，应对措施有效，不必采取额外技术、管理方面的预防措施
中	需要管控风险，有进一步实施预防措施以提升安全性的必要
高	重点管控风险，必须采取有效应对措施

四、半定量风险评价方法

1. 数据收集

收集数据的方式包括现场踏勘、与管道管理人员访谈和查阅资料等。一般需要收集以下资料：

（1）管道基本参数。

（2）管道穿跨越、阀室等设施。

（3）施工情况。

（4）管道内外检测报告，内容应包括内、外检测工作及结果情况。

（5）管道失效事件分析。

（6）管道高后果区、关键段统计，管道周围人口分布。

（7）管道输量、管道运行压力报表。

（8）阴极保护报表及每年的通 / 断电电位测试结果。

（9）管道更新改造工程资料，含管道改线、管体缺陷修复、防腐层大修、站场大的改造等。

（10）第三方交叉施工及相关规章制度，如开挖响应制度。

（11）管道地质灾害调查 / 识别。

（12）管道介质分析报告。

（13）管道清管杂质分析报告。

（14）管道初步设计及竣工资料。

（15）管道安全隐患识别清单。

（16）管道抢修情况及应急预案。

（17）是否安装有泄漏监测系统、安全预警系统等情况。

2. 失效可能性分析

（1）第三方破坏。

第三方破坏因素分值设定见表 3-2-6。

表 3-2-6　第三方破坏评价表

风险因素名称		最大分值
管道覆土层最小厚度		20
地面活动状况	地区等级	5
	其他设施维护	5
	交通繁忙程度	5
	农业活动	5
地面装置		10
占压		10
打孔盗油和盗土		20
管道用地标志	地面标志	5
	管线走廊或管堤	5
巡线情况		15

①覆土层最小厚度。

覆土层厚度为管顶以上到地面之间的土层厚度，对各种保护措施按以下规定折算成覆土层厚度：

a. 每 5cm 水泥保护层相当于 20cm 的覆土厚度。

b. 每 10cm 水泥保护层相当于 30cm 的覆土厚度。

c. 管道套管相当于 60cm 的覆土厚度。

d. 加强水泥盖板相当于 60cm 的覆土厚度。

e. 警告标志带相当于 15cm 覆土厚度。

f. 围住相当于 46cm 覆土厚度。

取管段的最小值为覆土层最小厚度，覆土层最小厚度得分计算方法：分数值等于 20 减去覆土层最小厚度（cm）除以 8，分数值最小值为 0 分。

②地面活动状况。

a. 地区等级：

管道附近没有挖掘活动的地区（荒野、无人区等），0分；

一级地区，1分；

二级地区，2分；

三级地区，4分；

四级地区，5分。

b. 其他设施维护。

以目标管线为中心，根据两侧各10m范围内其他管道的条数进行评分：

无，0分；

1～3条，3分；

大于3条，5分。

c. 交通繁忙程度。

交通繁忙程度通过道路等级来确定，道路的划分等级为：一级公路、二级公路、三级公路、四级公路、等外公路。

一级公路为供汽车分向、分车道行驶的公路，一般能适应按各种汽车折合成小客车的设计年平均每昼夜交通量为15000～30000辆。

二级公路一般能适应按各种车辆折合成中型载重汽车的远景设计年限年平均昼夜交通量为3000～7500辆。

三级公路一般能适应按各种车辆折合成中型载重汽车的远景设计年限年平均昼夜交通量为1000～4000辆。

四级公路一般能适应按各种车辆折合成中型载重汽车的远景设计年限年平均昼夜交通量为：双车道1500辆以下；单车道200辆以下。

等外公路是指土路和砂石路。

交通繁忙程度评分如下：

无道路，0分；

等外公路，0分；

四级公路，1分；

三级公路，2分；

二级公路，3分；

一级公路，4分；

铁路，5分。

d.农业活动。

根据管道上方的植被对管道的影响，农业活动评分如下：

荒地，1分；

耕地，3分；

芦苇塘、林地，5分。

③地面装置。

地面装置是指暴露于大气环境中的管道附属设施，如截断阀、排空阀、安全阀等。当无地面装置得0分，存在地面装置时，地面装置得分为以下各项得分之和。

a.地面装置与公路的距离：

地面装置与公路的距离不大于15m，则为3分；

地面装置与公路的距离大于15m，则为0分；

无地面装置，则为0分。

b.地面装置的围栏：

地面装置没有保护围栏或者粗壮的树将装置与路隔离，则为2分；

地面装置设有保护围栏或者粗壮的树将装置与路隔离，则为0分；

无地面装置，则为0分。

c.装置的沟渠：

地面装置与道路之间无不低于1.2m深的沟渠，则为2分；

地面装置与道路之间有不低于1.2m深的沟渠，则为0分；

无地面装置，则为0分。

d.地面装置的警示标志符号：

地面装置无警示标志符号，则为1分；

地面装置有警示标志符号，则为0分；

无地面装置，则为0分。

④占压：

无，0分；

有，10分。

⑤打孔盗油盗气和盗土。

打孔盗油盗气和盗土行为影响区域为发生此事件的管段位置前后500m的范

围。此项评分为：

无，0分；

存在盗土，5分；

存在盗油，10分；

存在盗油和盗土，20分。

⑥管道用地标志。

此项评分为以下两个因素之和。

a. 地面标志：

有地面标志（测试桩、转角桩、标志桩、警示带等）0分；

无任何标志，5分。

b. 管线走廊或管堤：

有管线走廊或管堤，0分；

无管线走廊及管堤，5分。

⑦巡线情况：

至少一周一次，0分；

不定期，10分；

无，15分。

（2）腐蚀损伤。

腐蚀损伤各因素分值设定见表3-2-7。

表3-2-7 腐蚀损伤评价表

风险因素名称		最大分值
穿跨越管段外防腐层检查	环境特点	2
	结构特点	2
	防腐层质量	6
输送介质腐蚀性		15
内防腐状况		20
防腐层状况	防腐层类型	7
	防腐层质量等级	18

续表

风险因素名称		最大分值
土壤腐蚀性		10
管道运行年限		10
杂散电流干扰	直流杂散电流干扰	17
	交流杂散电流干扰	8
阴极保护	保护措施种类	10
	保护效果	15
管道内检测器		10

①穿跨越管段外防腐层检查。

穿跨越管段外防腐层检查得分为以下各项得分之和。

a.环境特点：

位于大气中，0分；

位于水与空气的界面，2分（水和空气的界面指管道交替地暴露在水中或是空气中）。

b.结构特点：

不存在支撑或吊架，0分；

支撑或吊架，1分；

加装套管，2分。

c.跨越管段防腐层质量：

完整或经修复后良好，0分；

有破损，4分；

无包覆层，6分。

②输送介质腐蚀性：

无腐蚀性，0分（管内输送的无腐蚀性产品为干气、轻烃、净化油）；

中等腐蚀性，7分（管内输送的中等腐蚀性产品为湿气、含水油，供水管线中的清水）；

强腐蚀性，15分（管内输送的强腐蚀性产品为采出气二氧化碳分压＞0.21MPa，硫化氢含量＞20 mg/m³，供水管线中的污水）。

③内防腐状况:

无需采取措施,0分;

内涂层:有补口,12分;无补口,18分;

实施内腐蚀监测(挂片、传感器),17分;

清管,18分;

注入缓蚀剂,16分;

无防护,20分;

两种以上防护措施,7分。

④防腐层状况。

防腐层状况得分为以下各项得分之和。

a.防腐层类型:

三层PE,1分;

沥青玻璃布,2分;

泡沫黄夹克,有防水帽,泡沫下有防腐层,3分;有防水帽,泡沫下无防腐层,4分;无防水帽,泡沫下有防腐层,5分;无防水帽,泡沫下无防腐层,7分;

二层PE,4分;

聚乙烯胶带,5分;

玻璃钢防腐,7分。

b.防腐层质量等级。

采用电流衰减法测量管道外防腐层,计算得出防腐层绝缘电阻率R_g值,防腐层质量等级划分见表3-2-8。

表3-2-8 外防腐保温层电阻率R_g值分级 单位:$kΩ·m^2$

防腐类型	R_g			
	1级	2级	3级	4级
3LPE/2LPE	$R_g≥100$	$20≤R_g<100$	$5≤R_g<20$	$R_g<5$
其他防腐保温层	$R_g≥10$	$5≤R_g<10$	$2≤R_g<5$	$R_g<2$

1级,2级,0分;

3级,8分;

4级,16分;

无防腐层，18分。

⑤土壤腐蚀性：

土壤电阻率＞20Ω·m，则为0分；

10Ω·m≤土壤电阻率≤20Ω·m，则为5分；

土壤电阻率＜10Ω·m，则为10分；

未进行土壤电阻率测量及水体环境中，则为10分。

⑥管道运行年限：

投用0～5年，0分；

投用5～25年，4分；

投用25～30年，7分；

运行年限＞30年，10分。

⑦杂散电流干扰。

杂散电流干扰评分为以下两项之和。

a. 直流杂散电流干扰及排流措施：

不存在或采取的排流措施效果较好，0分；

采取的排流措施不满足需求，或干扰强度为中级，9分；

存在，17分。

b. 交流杂散电流干扰及排流措施：

不存在或采取的排流措施效果较好，0分；

采取的排流措施不满足需求，或干扰强度为中级，4分；

存在，8分。

⑧保护阴极。

阴极保护评分为以下两项之和。

a. 保护措施种类：

以强制电流阴极保护为主，牺牲阳极保护为辅，0分；

采用强制电流阴极保护，2分；

采用牺牲阳极保护，5分；

无阴极保护，10分。

b. 保护效果（保护电位）：

−1.2～−0.85V，0分；

高于 –0.85V，15 分；

低于 –1.2V，15 分。

⑨管道内检测：

每 5 年一次或更频繁，0 分；

无内检，10 分。

（3）设计指数。

设计指数各风险因素分值设定见表 3-2-9。

表 3-2-9   设计指数评价表

风险因素名称	最大分值
管道安全系数	6
系统安全系数	3
土壤移动	6

①管道安全系数。

根据管道设计壁厚与管道设计压力下所需壁厚（ t ）的比值来确定，分值计算见式（3-2-3）。

$$分值 = 6 - （t-1）\times 6 \qquad (3-2-3)$$

管道设计压力下所需壁厚值按照管道设计标准进行计算。

此项最大分值为 6 分，最小分值为 0 分。

②系统安全系数。

系统安全系数分值根据设计压力与最大允许工作压力的比值来确定，分值计算见式（3-2-4）：

$$分值 = 3 - （设计压力 / 设计最大工作压力 -1）\times 6 \qquad (3-2-4)$$

此项最大分值为 3 分，最小分值为 0 分。

③土壤移动：

油管道有保温层或伴热管道，不受冻土影响，0 分；

气管道埋深大于冻土深度，0 分；

气管线埋深小于冻土深度，6 分。

（4）误操作指数。

误操作指数各因素分值设定见表3-2-10。

①设计。

设计评分为以下两项之和。

a.危害识别：

有安全评价，0分；

无安全评价，3分。

表3-2-10　误操作指数评价表

序号	风险因素名称		最大分值
1	设计	危害识别	3
2		达到最大允许操作压力（MAOP）的可能性	3
3	施工	回填	2
4		包覆层破损点数量	6
5		补口	2
6	运行	工艺规程	2
7		检查	2
8		培训	4
9	维护	管道抢修中防腐层修复工作	3
10		维修计划	3

b.达到MAOP的可能性：

不可能达到MAOP，0分；

可能达到MAOP，3分。

②施工。

施工评分为以下三项之和。

a.回填：

在非冬季（4月至10月）回填，0分；

在冬季（11月至次年3月）回填，2分。

b.包覆层破损点数量：

破损点数量每千米为0个或1个，1分；

破损点数量每千米为2个，2分；

破损点数量每千米为3个，4分；

破损点数量每千米为4个或4个以上，6分。

c. 补口：

补口修补好，0分；

补口未修补，2分。

③运行。

运行评分为以下三项之和。

a. 工艺规程：

工艺规程文件完整，0分；

工艺规程文件不全，1分；

无工艺规程文件，2分。

b. 检查：

检查文件完整，0分；

检查文件不全，1分；

无检查文件，2分。

c. 培训：

有相关的培训，0分；

无培训，4分。

④维护。

维护评分为以下两项之和。

a. 管道抢修中防腐层修复工作：

对抢修的管道做了防腐保护，0分；

对抢修的管道未做防腐保护，3分。

b. 维修计划：

有维修计划，按照维修计划执行，0分；

有维修计划，未执行，2分；

没有维修计划，3分。

3. 失效后果分析

失效后果各因素分值设定见表3-2-11。

表 3-2-11　失效后果评价表

风险因素名称		最大分值
介质短期危害	介质燃烧性	12
	介质反应性	8
	介质毒性	12
介质最大泄漏量		20
介质扩散性		15
人口密度		20
泄漏原因		8
供应中断对下游用户的影响	抢修时间	9
	影响范围和程度	15
	介质依赖性	12

（1）介质短期危害性。

介质的短期危害性的得分为介质燃烧性得分、介质反应性得分、介质毒性得分之和。介质燃烧性、反应性和毒性根据管道内输送的介质确定。

①介质燃烧性。

在规定的条件下，加热试样，当试样达到某温度时，试样的蒸汽和周围空气的混合气，一旦与火焰接触，即发生闪燃现象，发生闪燃时试样的最低温度，称为闪点。此项评分为：

介质不可燃，则为 0 分；

介质可燃，介质闪点 > 93℃，则为 3 分；

介质可燃，38℃ < 介质闪点 ≤ 93℃，则为 6 分；

介质可燃，介质闪点 ≤ 38℃，并且介质沸点 ≤ 38℃，则为 9 分；

介质可燃，介质闪点 ≤ 23℃，并且介质沸点 ≤ 38℃，则为 12 分。

②介质反应性。

介质反应性得分为低放热值的峰值温度得分与介质最高工作压力得分之和。

a. 低放热值的峰值温度：

峰值温度 > 400℃，则为 0 分；

305℃ < 峰值温度 ≤ 400℃，则为 2 分；

215℃＜峰值温度≤305℃，则为4分；

峰值温度≤215℃，则为6分；

125℃＜峰值温度≤125℃，则为8分。

b.介质最高工作压力。

介质为液体状态时：

最高工作压力≤0.68MPa，则为0分；

最高工作压力＞0.68MPa，则为4分。

介质为气体状态时：

最高工作压力≤0.34MPa，则为0分；

0.34MPa＜最高工作压力≤1.36MPa，则为2分；

最高工作压力＞1.36MPa，则为4分。

③介质毒性：

介质无毒性，则为0分；

介质有轻度危害毒性，则为2分；

介质有中度危害毒性，则为4分；

介质有高度危害毒性，则为8分；

介质有极度危害毒性，则为12分。

（2）介质最大泄漏量。

介质最大泄漏量评分见表3-2-12。

表3-2-12　介质最大泄漏量评分表

设计压力（MPa）	气体介质管径（mm）			液体介质管径（mm）	
	（∞,200）	［200,300］	（300,+∞）	（-∞,300］	（300,+∞）
（-∞,0.5］	1分	5分	9分	1分	9分
（0.5,1］	5分	9分	13分	5分	13分
（1,+∞）	9分	13分	20分	13分	20分

（3）介质扩散性。

介质扩散性得分，为以下两项得分之和。

①液体介质的扩散性：

若泄漏处的土壤为泥土、密集硬黏土或无缝岩石（渗透系数＜10⁻⁷cm/s），则为 0 分；

泄漏处土壤为砂砾、沙子和大块碎石（渗透系数 > 10^{-3}cm/s），则为 12 分。

②气体介质的扩散性。

气体介质的扩散性的得分，为以下两项得分之和。

a. 地形：

可能的泄漏处地形开阔，则为 1 分；

可能的泄漏处地形闭塞，则为 6 分。

b. 风速：

可能的泄漏处年平均风速低，则为 2 分；

可能的泄漏处年平均风速中等，则为 5 分；

可能的泄漏处年平均风速高，则为 9 分。

（4）人口密度：

荒无人烟地区，则为 6 分；

一级地区，6 分；

二级地区，10 分；

三级地区，14 分；

四级地区，20 分。

（5）泄漏原因：

最可能的泄漏原因是操作失误，则为 1 分；

最可能的泄漏原因是焊接质量或腐蚀穿孔，则为 4 分；

最可能的泄漏原因是第三方损坏或自然灾害，则为 8 分。

（6）供应中断对下游用户的影响。

供应中断对下游用户的影响的得分，为以下各项得分之和。

①抢修时间：

抢修时间 < 1 天，则为 1 分；

抢修时间 ∈ [1 天，2 天），则为 3 分；

抢修时间 ∈ [2 天，4 天），则为 5 分；

抢修时间 ∈ [4 天，7 天），则为 7 分；

抢修时间 ≥ 7 天，则为 9 分。

②影响范围和程度：

无重要用户，供应中断对其他单位影响一般，则为 3 分；

供应中断影响小城市、小城镇的工业用燃料，则为 6 分；

中断影响小企业、小城市生活，则为 9 分；

供应中断影响一般的工业生产、中型城市生活，则为 12 分；

中断影响重要大型企业、大型中心城市的生产、生活，则为 15 分。

③介质依赖性：

供应中断的影响很小，则为 3 分；

有替代介质可用，则为 6 分；

有自备储存设施，则为 9 分；

用户对管道所输送介质绝对依赖，则为 12 分。

4. 风险计算及风险等级分级

按照式（3-2-5）计算风险值 R：

$$R = CP \qquad\qquad （3-2-5）$$

式中 C——失效后果得分；

P——失效可能性得分。

管道风险等级的划分标准见表 3-2-13。

表 3-2-13 管道风险等级划分标准

风险等级	风险分值
低风险	0~19440
中风险	19441~30780
高风险	30781~40500

5. 风险减缓措施

（1）第三方破坏。

①管道某位置的覆土层厚度小于 30cm，应对管道覆土层厚度小于 30cm 处进行培土，培土后管道最小覆土层厚度应达到管道设计埋深值。

②管道周围有居民，对于无警告标志的位置，应标明管道的具体位置，树立警告牌等警告标志。

③管道设施（截断阀、排空阀、安全阀）暴露于大气环境中，且无防护措施，

应采取必要的防护措施。

④管道存在占压情况，应采取改线、拆除违章建筑物等方式消除安全隐患。对正在发生的位于管道附近的施工活动进行加强管理，以防造成管道损伤。

⑤管道存在盗油和盗土情况，应加强管道的巡线工作，增加巡线频率。对已有的盗油设施进行拆除，并修复管道，对管道附近缺失的土壤进行填充。

⑥管道未开展巡线工作，应建立定期巡线制度，减少第三方对管道的侵扰。

⑦对存在第三方破坏隐患的管道，应对沿线居民、企业加强管道保护法的宣传和安全教育。

（2）腐蚀损伤。

①管道输送介质的腐蚀性较强，且管道内未采取防护措施，应采取必要的防护措施减少内腐蚀，具体步骤详见 KT/OIM/ZY-0605《油田管道内腐蚀防护作业规程》。

②管道外防腐层存在破损时，应进行修复，具体步骤详见 KT/OIM/ZY-0603《油田管道防腐（保温）层缺陷修复作业规程》。

③管道的运行年限超过 15 年，宜加强管道的腐蚀监测。

④对存在直流或交流杂散电流干扰的管道，应采取排流措施。

⑤对已施加阴极保护的管道，管地电位相对硫酸铜参比电极正于 −850mV 时，宜通过现场检验测试分析问题产生的原因，并采取针对性措施，使得保护电位达到标准要求。

（3）设计指数。

①管道安全性为无，应检查设计文件中的管道壁厚是否有余量。

②系统安全性为无，应检查设计文件中设计压力与运行压力参数。

③气管道，且最小覆土层厚度值小于 2m 时，应对管道采取防冻保温措施。

（4）误操作指数。

①工艺规程文件不完整，应完善管道运行的工艺规程。

②检查文件不完整，应完善管道检查文件。

③无管道安全培训，应对管道系统安全进行培训。

④抢修的管道未做防腐保护，应对抢修的管道采取防腐保护。

⑤管道的维护有相关的计划，未执行，应按照维修计划执行。

⑥无维修计划，应制订计划，并按照维修计划执行。

五、定量风险评价方法

1. 资料数据收集

根据定量风险评价的目标和深度确定所需收集的资料数据，包括但不局限于表 3-2-14 的资料数据。

表 3-2-14　定量风险分析收集的数据资料

类别	资料数据
危害信息	单元存量、危险物质安全技术说明书（MSDS）、现有的工艺危害分析［如危险与可操作性分析（简称HAZOP）］结果、点火源分布等
设计与运行数据	区域位置图、平面布置图、设计说明、工艺技术规程、安全操作规程、仪表数据、管道数据、运行数据等
减缓控制系统	探测和隔离系统（可燃气体和有毒气体检测、火焰探测、电视监控、联镜切断等）、消防、水幕等减缓控制系统
自然条件	气象条件（气压、温度、湿度、太阳辐射热、风速、风向及大气稳定度等）；地质、地貌条件（现场周边的地形条件、表面粗糙度）等
历史数据	事故案例，设备失效，仪表失效资料等；历次自然灾害（如洪水、地震、台风、海啸，泥石流，塌方等）记录等
人口数据	分析目标（范围）内室内和室外人口分布
管理系统	管理制度，操作和维护手册、设备维修与检验记录、作业程序，以及培训、应急、事故调查、承包商管理、设施完整性管理、变更管理等

典型点火源分为：

（1）点源，如加热炉（锅炉）、机车、火炬、人员。

（2）线源，如公路、铁路、输电线路。

（3）面源，如厂区外的化工厂、油炼厂。

应对分析对象单元的工艺、设备，平面布局等进行分析，结合现场调研，针对可燃物泄漏，确定最严重事故场景范围内的潜在点火源，并统计点火源的名称、种类、方位、数目以及出现的概率等要素。

人口分布调查时，应遵循以下原则：

（1）根据分析目标，确定人口调查的地域边界。

（2）考虑人员在不同时间上的分布，如白天与晚上。

（3）考虑娱乐场所，体育馆等敏感场所人员的流动性。

（4）考虑已批准的规划区内可能存在的人口。

人口数据可采用实地统计数据，也可采用通过政府主管部门，地理信息系统或商业途径获得的数据。

2. 危险辨识

（1）危害介质识别。

天然气属易燃、易爆气体，与空气混合形成爆炸性混合物，遇明火极易燃烧爆炸，在相对密闭空间内有窒息危险。作为主要烃组分的甲烷属于 GB 13690—2009《化学品分类和危险性公示 通则》中的气相爆炸物质，其爆炸极限范围是5% ~ 15%（体积比）。按 GB 50183—2015《石油和天然气工程设计防火规范》，天然气的火灾危险性为甲类。

（2）管道输危险特性。

气管道输危险特性主要体现在以下几个方面：

①燃烧。天然气遇火源点燃后在空气中会剧烈燃烧，有可能发生喷射火、火球。

②扩散。天然气能以任何比例与空气混合。比空气轻的天然气组分逸散在空气中，顺风扩散，与空气混合易形成爆炸性混合物。比空气重的天然气组分会漂流到地面、沟渠等处，长时间聚集不散，遇点火源可能发生燃烧或爆炸。

③爆炸。天然气泄漏后遇空气混合形成爆炸性混合物后，遇点火源会发生燃烧或爆炸。

④毒性。含硫天然气具有毒性，伴随扩散作用其危害性更大。

（3）危险度判定。

参考 Q/SY 1646—2013《定量风险分析导则》附录 A 规定的危险度评价法。该方法以研究对象中物料、容量、温度、压力和操作五项指标进行评定。每项指标分为 A，B，C，D 四个类别，分别赋予 10 分、5 分、2 分、0 分，根据五项指标得分之和来确定该研究对象的危险程度等级，从而判定进行定量风险评价的必要性。危险度评价取值参考该企业标准表 A.1。

（4）泄漏场景的确定。

①在定量风险分析中，应包括对个体风险和（或）社会风险产生影响的所有泄漏场景。

②泄漏场景的选择应考虑主要设备（设施）的工艺条件、历史事故和实际的运行环境。

③泄漏场景根据泄漏当量孔径大小可分为完全破裂以及孔泄漏两大类，有代表性的泄漏场景见表3-2-15。当设备（设施）直径小于150mm时，取小于设备（设施）直径的孔泄漏场景以及完全破裂场景。

表 3-2-15　泄漏场景

泄漏场景	当量孔径（d_e）范围	代表值
小孔泄漏	$0mm<d_e\leq5mm$	5mm
中孔泄漏	$5mm<d_e\leq50mm$	25mm
大孔泄漏	$50mm<d_e\leq150mm$	100mm
完全破裂	$d_e>150mm$	（1）设备设施完全破裂或泄漏孔径>150mm；（2）全部存量瞬时释放

（5）管线泄漏场景。

①对于完全破裂场景，如果泄漏位置严重影响泄漏量或泄漏后果，应至少分别考虑三个位置的完全破裂：管线前端；管线中间；管线末端。

②对于长距离管线，应沿管线选择一系列泄漏点，泄漏点的初始间距可取50m，泄漏点数应确保当增加激漏点数量时，风险曲线不会显著变化。

3. 频率分析

（1）泄漏频率。

失效频率可使用以下数据来源，也可按 SY/T 6714—2020《油气管道基于风险的检测方法》确定：

①工业失效数据库。

②企业历史数据。

③供应商的数据。

④基于可靠性的失效概率模型。

⑤其他数据来源。

泄漏频率数据选择应考虑以下事项。

①应确保使用的失效数据与数据内在的基本假设相一致。

②使用化工行业数据时，宜考虑下列因素对泄漏频率的影响：

减薄（冲割、腐蚀、磨损等）；

衬里破损；

外部破坏；

应力腐蚀开裂；

高温氢腐蚀；

疲劳（温度、压力、机械等引起）；

内部元件脱落；

脆性断裂；

其他引起泄漏的危害因素。

③如果使用企业历史统计数据，则只有该历史数据充足并具有统计意义时才能使用。

使用 SY/T 6714—2020《油气管道基于风险的检测方法》确定频率值，应通过设备系数（F_E）和管理系数（F_M）修正，得到调整后的失效频率，见下式：

$$F_{调整后} = F_{原始} F_E F_M \qquad (3\text{-}2\text{-}6)$$

式中　$F_{调整后}$——调整后的失效频率；

　　　$F_{原始}$——原始的失效频率；

　　　F_E——设备系数，其值的选取参见 Q/SY 1646—2013《定量风险分析导则》附录 C；

　　　F_M——管理系数，其值按 SY/T 6714—2020《油气管道基于风险的检测方法》中第 8.4 节的规定选取。

当泄漏场景发生的频率小于 10^{-8}/a 或事故场景造成的致死率小于 1% 时，在定量风险分析时可不考虑。

（2）事故发生频率。

通过事件树分析可以得到物料泄漏后发生各种事故的频率。

事件树分析中主要分支包括：是否立即点火；是否检测失效；是否延迟点火；是否爆炸；是否隔离失效。事件树分析结果参见 Q/SY 1646—2013《定量风险分析导则》附录 D。

立即点火的点火概率应考虑设备类型、物质种类和泄漏形式（瞬时释放或者连续释放），可根据数据库统计或通过概率模型计算获得。可燃物质泄漏后立即点火的概率参见 Q/SY 1646—2013《定量风险分析导则》附录 E。

延迟点火的点火概率应考虑点火源的火源特性、泄漏物特性以及泄漏发生时点火源存在的概率，可按式（3-2-7）计算：

$$P（t）=P_{present}（1-e^{-\omega t}）\tag{3-2-7}$$

常见点火源在 1mim 内的点火概率参见 Q/SY 1646—2013《定量风险分析导则》附录 E。

对于有毒可燃物质，反应活性较低的物质只考虑中毒事故；对于反应活性为中等或活性较高的物质，需分别考虑发生中毒和可燃两种独立事故。

4. 后果严重性分析

（1）气管道事故事件树分析。

管道失效后有可能发生的事故类型以及各事故发生的频率分析采用事件树分析方法。该方法是归纳推理，从原因到结果，即沿着特定时间发生顺序正向追踪，随之描绘出逻辑关系图——事件树。在事件树中，分析起始于一特定事件（初始事件），再跟踪所有可能后续发生的事件，以确定可能要发生的事故。

管线失效后，从管线内泄放的易燃易爆有毒的气体可能产生各种不同的失效后果，对失效点附近的人员及财产将造成巨大的威胁。对于给定的管线，其失效后果的类型与气体泄漏源类型、管线运行状态、失效模式以及点燃时间（立即点燃或延迟点燃）等因素有关。

根据泄漏源面积的大小和泄漏持续的时间，泄漏源分为瞬时泄漏源和连续泄漏源。

①连续泄漏源：气田管道或容器上腐蚀或疲劳形成的裂纹或孔洞造成气体连续泄放的泄漏源为连续泄漏源，连续泄漏源具有长时间较小泄漏量的稳态泄放的特点。

②瞬时泄漏源：油气在储运生产中，管道或容器爆炸破裂瞬间，气体能形成一定半径和高度的气云团的泄漏源为瞬时泄漏源，瞬时泄漏源具有短时间大量泄漏特点，其泄漏时间远小于扩散时间。

气管道失效事件树分析结果由图 3-2-1 给出，其中喷射火、火球、爆炸和中毒是常见的后果类型。

（2）喷射火计算。

气田管道高压天然气泄漏时形成射流，如果在裂口处被点燃，则形成喷射火。

喷射火要通过热辐射的方式影响周围环境。喷射火的影响主要是取决于是否有人员暴露于火焰或特定的热辐射中。一般而言，人员暴露于 $4kW/m^2$ 的热辐射

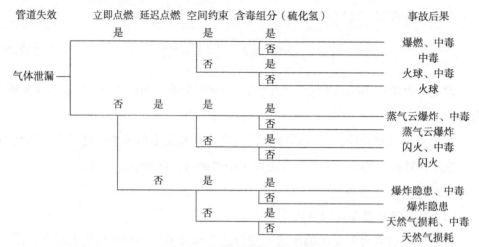

图 3-2-1　气管道失效事件树分析

20s 以上会感觉疼痛；12.5kW/m² 热辐射范围内木材燃烧，塑料熔化，4s 之内将达到正常人疼痛的极限；如果暴露于 37.5kW/m² 的热辐射，将导致人员在来不及逃生的情况下立即死亡。

（3）火球。

火球是气态可燃物和空气的混合云团，处于可燃范围内时被一定量的引燃能点燃后发生的瞬态燃烧。它的热辐射经验和半经验模型之间的差别很大，尚没有能够全面准确描述火球发生、发展及其后果的计算模型。目前计算火球热辐射通量的模型主要有两种：固体火焰模型（假设火球表面热辐射通量与可燃物质量无关，为某一常数，通过实验测定）和点源模型（火球表面热辐射通量依赖于火球中的燃料质量、持续时间及火球直径大小等因素）。实验表明热辐射通量与火球大小有关，火球大小由于储罐数量、形状、存储压力和存储质量等因素有关。定量风险计算给出的火球半径，是火球导致人员死亡的影响距离。

（4）蒸气云爆炸。

爆炸是物质的一种非常急剧的物理、化学变化，也是大量能量在短时间内迅速释放或急剧转化成机械能对外做功的现象。它通常借助于气体的膨胀来实现。从物质运动的表现形式来看，爆炸就是物质剧烈运动的一种表现。物质运动急剧增速，由一种状态迅速地转变为另一种状态，并在瞬间释放出大量的能量。一般来说，爆炸现象具有以下特点：①爆炸过程进行的很快；②爆炸点附近压力急剧升高，产生冲击波；③发出或大或小的声响；④周围介质发生振动或邻近物质遭受破坏。

蒸气云发生爆炸事故必须满足以下几个条件：

①泄漏的物质必须可燃，而且具备适当的压力和温度条件。

②必须在点燃之前，即扩散阶段形成一个足够大的云团。如果可燃物刚泄漏就立即被点燃，则形成喷射火焰。但如果泄漏物质经过一段时间的扩散形成了蒸气云，然后被点燃，则会产生较强的爆炸波压力，并从云团中心向外传播，在大范围内造成严重破坏。据统计，绝大部分蒸气云爆炸事故发生在泄漏开始后的3min之内。

③局部蒸气云的浓度必须处于燃烧极限范围之内。

④存在湍流。蒸气云爆炸产生的爆炸波效应，是由火焰的传播速度决定的。火焰在可燃气云中传播得越快，云中产生的超压就越高，相应地，气云的爆炸波效应就得到增强。研究实验表明，湍流能够显著提高蒸气云的燃烧速率，加快火焰的传播速度。一般来说，火焰都是以爆燃方式传播的，只有在非常特殊的条件下，才会出现爆轰。高速燃烧通常局限于障碍区域。一旦火焰进入无障碍区或无湍流区，燃烧速度和压力都将下降。

⑤存在足够能量的点火源。

对蒸气云爆炸（VCE）事故进行定量分析的方法主要有两种：TNT当量法和TNO模型法。

（5）扩散中毒（H_2S、SO_2）。

天然气中有毒的气体组分主要包括硫化氢、二氧化硫。

硫化氢具有极强毒性，为无色、可燃气体，具有典型的臭鸡蛋气味，冷却时很容易液化成为无色液体。硫化氢爆炸极限为 4.3% ~ 46%，可溶于水、乙醇、二氧化碳以及四氯化碳等。硫化氢在空气中的最高容许浓度是 $10mg/m^3$；当空气中硫化氢浓度达 10 ~ $285mg/m^3$（6.6 ~ 198ppm）时，可引起眼急性刺激症状，接触时间稍长会引起肺水肿；当硫化氢浓度介于 285 ~ $723mg/m^3$（198 ~ 502ppm）时，可引发肺水肿、支气管炎及肺炎、头痛、头昏、恶心、呕吐；当硫化氢浓度不小于 $723mg/m^3$（502ppm）时，人会很快出现急性中毒，呼吸麻痹而死亡；人的绝对致死浓度为 $1000mg/m^3$。

二氧化硫也具有毒性，为无色透明气体，有刺激性气味，可溶于水、乙醇和乙醚。当空气中的二氧化硫浓度达到 $50mg/m^3$ 时，即可使人感到窒息感，并引起眼刺激症状；当浓度达到 1050 ~ $1310mg/m^3$ 时，人即便是短时间接触，也有中毒的危险；当空气中二氧化硫浓度达到 $5240mg/m^3$，会立刻引起人的喉头痉挛、喉水肿而引起窒息。

泄漏出的含硫天然气，若在泄漏口未遇火源，将在其自身动量作用下，与空气混合、扩散形成毒性云团。在泄漏过程中，受到气质条件、气象和气候、地形地貌、压力、管长、管径以及破裂面积、泄漏位置等因素的影响。在泄漏过程结束后，毒性云团将脱离泄漏点并向下风向移动，直至被空气完全稀释。

气田管道泄漏释放的天然气在大气湍流的影响下扩散到周围环境中。释放的天然气在周围环境中的浓度可以通过大气扩散模型进行计算。这些浓度对有毒气体是否会导致人员损伤是十分重要的。

在扩散模型中需要考虑被称为Pasquill等级（A到F）的大气稳定性和一定的风速。

5. 风险定量计算

气管道定量风险评价分为个人风险和社会风险。个人风险和社会风险结果应满足：

（1）个人风险应在比例尺地理图上以等值线的形式给出，具体给出的等值线应根据个人风险接受标准和所关心的个人风险值来确定。

（2）社会风险以表示累计频率和死亡人数之间关系的曲线图，即 F—N 曲线（F 为频率、N 为伤亡人员数）形式给出。

1）个人风险

个人风险（Individual Risk）代表一个人死于意外事故的频率，且假定该人没有采取保护措施，个人风险在地形图上以等值线的形式给出。

个人风险计算流程如图 3-2-2 所示，具体有以下步骤。

（1）选择一个泄漏场景（简称LOC），确定LOC的发生频率 f_s。

（2）选择一种天气等级 M 和该天气等级下的一种风向 ϕ，给出天气等级 M 和风向 ϕ 同时出现的联合频率 $P_M \cdot P_\phi$。

（3）如果是可燃物释放，选择一个点火事件 i 并确定点火频率 P_i。如果考虑物质毒性影响，则不考虑点火事件。

（4）计算在特定的 LOC、天气等级 M、风向 ϕ 及点火事件 i（可燃物）条件下网格单元上的致死率 $P_{个人风险}$，计算中参考高度取 1m。

（5）计算（LOC, M, ϕ, i）条件下对网格单元个体风险的贡献。

$$\Delta IR_{S,M,\phi,i} = f_s P_M P_\phi P_i P_{个人风险} \tag{3-2-8}$$

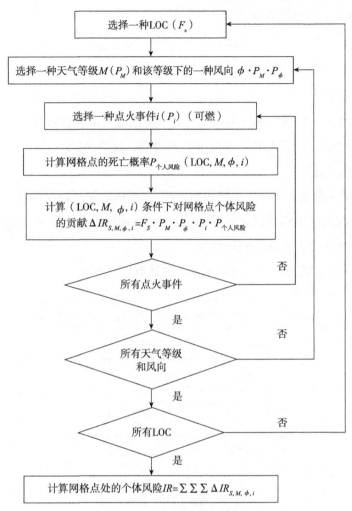

图 3-2-2　个人风险计算程序

式中　f_s——某个 LOC 的发生频率；

　　　$P_M P_\phi$——天气等级 M 和风向 ϕ 同时出现的联合频率；

　　　P_i——某个点火事件的点火频率；

　　　$P_{个人风险}$——特定的 LOC、天气等级 M、风向 ϕ 及点火事件 i（可燃物）条件下网格单元上的致死率；

　　　$\Delta IR_{S,M,\phi,i}$——（LOC, M, ϕ, i）条件下对网格单元个体风险的贡献。

（6）对所有点火事件，重复步骤（3）至步骤（5）的计算；对所有的天气等级和风向，重复步骤（2）至步骤（5）的计算；对所有 LOC，重复步骤（1）至步骤（5）的计算，则网格点处的个体风险见式（3-2-9）。

$$IR = \sum_S \sum_M \sum_\phi \sum_i \Delta IR_{S,M,\phi,i} \qquad (3-2-9)$$

式中　IR——网格点处的个体风险。

2）社会风险

社会风险用于描述事故发生频率与事故造成的人员受伤或死亡人数的相互关系，是指同时影响许多人的灾难性事故的风险，这类事故对社会的影响程度大，易引起社会的关注。

社会风险一般通过 $F—N$ 曲线表示。$F—N$ 曲线表示可接受的风险水平—频率与事故引起的人员伤亡数目之间的关系。$F—N$ 曲线值的计算是累加的，比如与"N 或更多"的死亡数相应的特定频率。

社会风险计算流程如图 3-2-3 所示，具体有以下步骤。

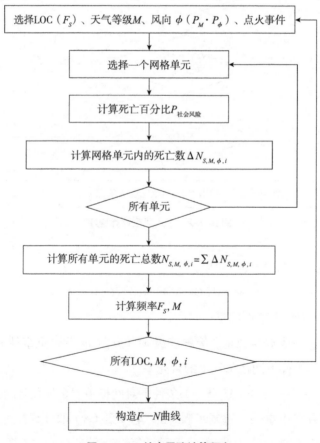

图 3-2-3　社会风险计算程序

（1）首先确定以下条件：

①确定 LOC 及发生频率 F_s；

②选择天气等级 M，频率为 P_M；

③选择天气等级 M 下的一种风向 ϕ，频率为 P_ϕ；

④对于可燃物，选择条件频率为 P_i 的点火事件 i。

（2）选一个网格单元，确定网格单元内的人数 N_{cell}。

（3）计算在特定的 LOC, M, ϕ, i 下，网格单元内的人口死亡百分比 $P_{\text{社会风险}}$，计算在参考高度取 1m。

（4）计算在特定的 LOC, M, ϕ, i 下网格单元的死亡人数 $\Delta N_{S, M, \phi, i}$。

$$\Delta N_{S, M, \phi, i} = P_{\text{社会风险}} N_{\text{cell}} \qquad （3\text{-}2\text{-}10）$$

（5）对所有网格单元，重复步骤（2）至步骤（4）的计算，对 LOC, M, ϕ, i 计算死亡人数 $\Delta N_{S, M, \phi, i}$。

$$\Delta N_{S, M, \phi, i} = \sum_{\text{所有网格单元}} \Delta N_{S, M, \phi, i} \qquad （3\text{-}2\text{-}11）$$

（6）计算 LOC, M, ϕ, i 的联合频率 $f_{S, M, \phi, i}$。

$$f_{S, M, \phi, i} = f_s P_M P_\phi P_i \qquad （3\text{-}2\text{-}12）$$

（7）对所有 LOC, M, ϕ, i，重复步骤（1）至步骤（7）的计算，用累计死亡人数 $\Delta N_{S, M, \phi, i} \geqslant N$ 的所有事故发生的频率 $f_{S, M, \phi, i}$ 构造 F—N 曲线。

$$FN = \sum_{S, M, \phi, i} f_{S, M, \phi, i}$$

6. 风险评价

（1）风险可接受标准。

个体风险可接受标准见表 3-2-16。

社会风险可接受风险应满足图 3-2-4。

（2）风险控制。

将风险计算的结果和风险可接受标准相比较，判断项目的实际风险水平是否可以接受，如果项目的风险超出容许上限，则应采取降低风险的措施，并重新进行定量风险分析，并将计算的结果再次与风险可接受标准进行比较分析，直到满足风险可接受标准。

表 3-2-16　个体风险可接受标准

危险化学品单位周边重要目标和敏感场所类别	可接受风险（a^{-1}）
高敏感场所：学校、医院、幼儿园、养老院、监狱等； 重要目标：军事禁区、军事管理区、文物保护单位等； 特殊高密度场所（人数≥100）：大型体育场、交通枢纽、露天市场、居住区、宾馆、度假村、办公场所、商场、饭店、娱乐场所等	3×10^{-7}
居住类高密度场所（30≤人数<100）：居民区、宾馆、度假村等； 公众聚集类高密度场所（30≤人数<100）：办公场所、商场、饭店、娱乐场所等	1×10^{-5}

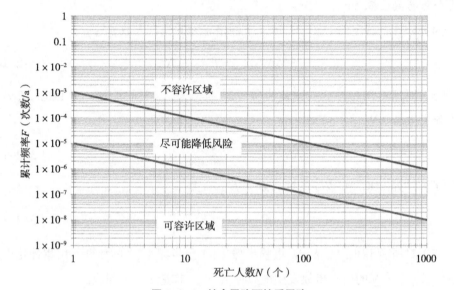

图 3-2-4　社会风险可接受风险

7. 风险减缓策略

（1）火灾、爆炸、中毒风险。

由火灾、爆炸、中毒引起的风险可从以下三个方面来消减：

①消除。

②降低事故后果的严重性。

③降低事故发生的频率。

（2）本质安全风险。

本质安全可以通过以下途径实现。

①集约化：减少危险物质的用量。

②替代：用相对危险性小的物质替代危险物质。

③衰减：通过使用降低物质危险性的工艺，如降低物料的储存温度和压力。

④简化：通过使装置或工艺更加简单易操作来减小设备或人失误的可能性。

（3）工艺、经济风险。

如果由于工艺、经济等原因，危险不能被消除，需要考虑降低事故后果来消减风险：

①安装远程控材阀来对工艺物料进行及时切断。

②减小管道的尺寸来降低管线破裂后的物料潜在泄漏量。

③降低操作压力来减小事故发生时的泄漏流量。

④通过水唤雾系统或泡沫系统来控制火灾。

⑤通过水幕或蒸汽幕来减小有毒气体的扩散范围。

⑥通过防爆墙的设置来降低爆炸超压的危害。

⑦通过设置气体探测器早期发现可燃、有毒物质的泄漏，缩小有害气体的扩散范围。

（4）降低事故发生频率的措施。

①通过选择腐蚀性低的物质来降低设备或管道破裂的可能性。

②减少法兰连接的数量。

③为转动设备配置可靠的密封装置。

④通过提高设计的安全系数来减小设备失效的可能性。

⑤通过设置双壁罐或双层管道来降低设备泄漏的可能性。

⑥有效的安全管理体系可以减少危险的发生。

第四章　失效识别与统计

油气田管道输送介质复杂，管道材质多样，周边环境多变，管道建设年限参差不齐。随着服役时间的延长，其失效风险越来越高。经初步分析，油气田管道失效原因主要包括管道建设期间因材质或施工造成的缺陷、管道运行期间内/外腐蚀穿孔、自然灾害、误操作、第三方破坏等。在油气管道失效事件发生后，及时对管道失效类型和原因进行识别、分类与统计，对于提升管道风险识别能力，减少管道失效事件的发生具有重要意义。同时，失效数据统计是快速获得管道风险特征的有效方法，有助于采取有针对性的维修维护方法，延长管道使用寿命。

第一节　油气田管道失效类型

一、长输管道常见失效类型

1. 欧洲输气管道事故数据组织

欧洲输气管道事故数据组织（EGIG）统计结果显示，输气管线平均失效概率以及管线平均失效概率总体上呈逐年下降趋势。欧洲输气管道事故数据组织将长输输气管道的失效类型分为六大类：第三方破坏；施工和材料缺陷；腐蚀；地层运动；带压维修失误；其他。各失效类型所占比例见表4-1-1。

表 4-1-1　欧洲输气管道失效类型占比统计

类型	第三方破坏	施工和材料缺陷	腐蚀	地层运动	带压维修失误	其他
占比	49.7%	16.7%	15.1%	7.1%	4.6%	6.7%

2. 俄罗斯

俄罗斯将天然气长输管道的失效类型分为八大类：腐蚀；外部影响；材料缺

陷；焊接缺陷；施工缺陷；误操作；设备缺陷；其他。其中腐蚀、焊接和材料缺陷、外部影响是排在前面的失效原因，分别占总数的 39.9%、16.9%、10.8%，如图 4-1-1 所示。

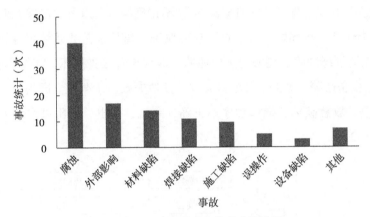

图 4-1-1　俄罗斯天然气管道事故统计

3. 美国运输部

美国运输部将天然气长输管线的各种失效原因分为五大类：外部影响、腐蚀、焊接和材料缺陷、设备和操作及其他。其中外部影响是第一位的，占比 43.6%；其次是腐蚀，占比 22.2%；焊接和材料缺陷居第三位，占比 15.3%（图 4-1-2）。

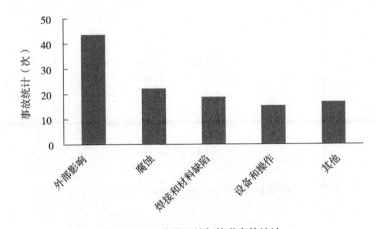

图 4-1-2　美国天然气管道事故统计

4. 国际管道研究委员会

国际管道研究委员会（Pipeline Research Committee International，PRCI）基于美国和欧洲输气管线的失效统计数据，按照危害的时间因素和事故模式将油气长输管道失效类型分为：3 种时间类型、9 种失效类型、21 种细类。3 种时间类型包括："时效性相关""稳定不变"及"与时间无关"。"时效性相关"包括内腐蚀、外腐蚀及应力腐蚀 3 种；"稳定不变"包括制造缺陷、焊接施工缺陷以及设备缺陷 3 种；"与时间无关"包括"第三方 / 机械破坏""不正确操作"以及"气候 / 外力作用"3 种。21 细类包括：内腐蚀、外腐蚀、应力腐蚀、管体缺陷、管体焊缝缺陷、环焊缝缺陷、制造焊缝缺陷、褶皱弯头或屈曲、螺纹支管接头损坏、"O"形垫片损坏、控制 / 泄放设备故障、密封 / 泵填料失效、其他失效、永久性立即失效、以前损伤滞后性失效、故意破坏、操作程序不正确、寒流、雷电、暴雨洪水和大地运动地震（图 4-1-3）。

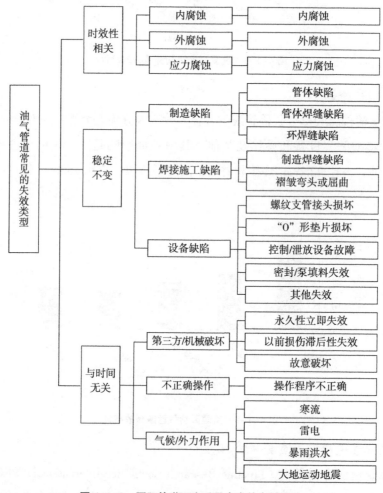

图 4-1-3　国际管道研究委员会失效类型统计

该分类方法有以下几个优点：

（1）从失效原因上对失效类型进行划分，界定更加清晰。

（2）不同的失效原因对应不同的失效机理，有利于各种失效机理的深入研究，为失效防护提供理论基础。

（3）每类失效类型相应采取的控制措施不同，基于失效的原因进行分类，有助于快速提出科学有效的防护措施。

5. 中国

国内根据油气长输管道失效的后果将油气长输管道的失效模式分为爆炸、泄漏、断裂、变形、表面损伤五大类。

以上油气管道的失效分类方法均是基于长输管道进行的，而油气田管道在管道类型、输送介质、地区环境以及管理特点上与长输管道有着明显的不同，长输管道的失效分类方法在油气田管道中不能直接应用。

二、油气田管道失效定义

为了对油气田管道的失效事件进行分类，首先需要明确其"失效"的范畴。根据"失效"的通用定义，一般认为产品丧失规定的功能称之为失效，如美国《金属手册》认为，机械产品的零件或部件处于下列三种状态之一时就可定义为失效：（1）完全不能工作；（2）仍然可以工作，但已不能令人满意地实现预期的功能；（3）受到严重损伤不能可靠和安全的继续使用，必须立即从产品或装备拆下来进行修理或更换。从工程角度而言，我国国家标准 GB/T 2900.99—2016《电工术语 可信性》中给出明确的定义："失效（故障）——产品丧失规定的功能。对于可修复产品，通常也称为故障。"

本书根据油气田管道的失效的特点，规定了油气田管道"失效"的定义：管道发生泄漏、断裂、爆炸、塌陷等而完全丧失功能的现象。

三、油气田管道推荐失效分类方法

1. 油气田管道常见失效因素

表 4-1-2 显示了国内典型油气田公司历年失效原因统计情况。可以看出，内腐蚀、外腐蚀是导致油气田管道失效的主要原因。

表 4-1-2　国内典型油气田公司管道失效原因统计表

序号	油气田公司	失效类型	主要失效类型
1	A油气田	腐蚀、外力干扰、地质灾害、制造与施工缺陷、误操作、其他	腐蚀
2	B油气田	内腐蚀、外腐蚀、机械损伤、人为破坏	外腐蚀、内腐蚀
3	C油气田	内腐蚀、外腐蚀、材料疲劳、第三方破坏、制造与施工缺陷、其他	内腐蚀
4	D油气田	内腐蚀、外腐蚀、焊口弯头施工质量、第三方破坏、地质灾害	内腐蚀
5	E油气田	腐蚀、机械损伤、焊接质量、材质缺陷	腐蚀
6	F油气田	内腐蚀、外腐蚀、环境敏感断裂、制造与施工缺陷、第三方破坏、运行操作不当、自然灾害	内腐蚀、外腐蚀
7	G油气田	内腐蚀、外腐蚀、环境敏感断裂、制造与施工缺陷、第三方破坏、运行与维护误操作、自然与地质灾害	外腐蚀
8	H油气田	内腐蚀、外腐蚀、应力腐蚀开裂、制造施工缺陷、第三方破坏、运行操作不当、自然灾害、本厂施工破坏	内腐蚀
9	I油气田	内腐蚀、外腐蚀、施工缺陷、制造缺陷、第三方破坏	内腐蚀、外腐蚀

2. 油气田管道失效分类

根据陆上油气田管道的失效情况，结合其失效的典型特征，瞄准其失效原因，可将陆上油气田金属管道的失效类型分为 7 大类 24 小类，非金属管道的失效类型分为 4 大类 5 小类，见表 4-1-3。

表 4-1-3　油气田管道推荐失效分类

序号	管道类型	失效类型名称	细类名称
1	金属管道（7大类）	内腐蚀（10小类）	CO_2腐蚀
2			H_2S腐蚀
3			CO_2/H_2S共同作用下腐蚀
4			CO_2/Cl^-共同作用下腐蚀
5			溶解氧腐蚀

续表

序号	管道类型	失效类型名称	细类名称
6	金属管道 （7大类）	内腐蚀 （10小类）	细菌腐蚀
7			电偶腐蚀
8			冲刷腐蚀
9			垢下腐蚀
10			水线腐蚀
11		外腐蚀 （5小类）	土壤腐蚀
12			阴极保护失效引起的腐蚀
13			杂散电流腐蚀
14			保温层下腐蚀
15			补口腐蚀
16		环境敏感断裂 （2小类）	内部介质引起的环境敏感断裂
17			外部介质引起的环境敏感断裂
18		制造与施工缺陷 （2小类）	管体缺陷
19			施工焊接缺陷
20		第三方破坏	第三方破坏
21		运行操作不当 （2小类）	结垢堵管
22			误操作
23		自然灾害 （2小类）	水文灾害
24			地质灾害
25	非金属管道 （4大类）	第三方破坏	第三方破坏
26		自然灾害	自然灾害
27		误操作	误操作
28		制造与施工缺陷 （2小类）	制造缺陷
29			施工缺陷

第二节 油气田管道失效识别

一、识别策略

失效分析是对失效事件的失效现象进行分析，以明确失效的原因。失效现场的识别工作是失效分析的首要工作，也是至关重要的工作之一。油气田管道失效原因复杂，涉及材料本身、服役环境、工艺流程及工况条件等多个方面，且涉及材料科学、电化学、普通化学、流体学、力学等多个学科，其现场识别工作包含的点多、面广，不同于简单的观察和作业，识别工作复杂且难度大，需要有一定的策略作为指引。

为了理清现场失效识别的工作思路，明确现场失效识别的工作内容，降低现场失效识别工作的难度，确保油气田管道现场失效识别工作的顺利开展，宜采用"三级识别"策略，如图4-2-1所示，具体包括：

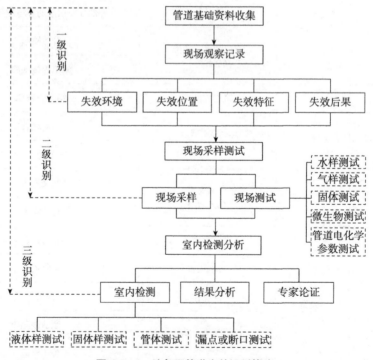

图 4-2-1 油气田管道失效识别策略

（1）每一起失效事件均应开展一级识别并统计记录。一级识别的主要内容包括对失效环境、失效位置、失效特征和失效后果的观察与分析。

（2）对于通过一级识别无法确认类型的失效事件，宜开展二级识别。二级识别是在一级识别的基础上开展现场采样测试，包括对现场水样、气样、固体、微生物以及管道阴极保护参数的测试与分析。

（3）对于通过二级识别无法明确类型的失效事件，宜开展三级识别。三级识别是在二级识别的基础上开展室内检测分析，通过室内检测、结果分析和专家论证，实现对失效的识别。

油气田管道失效识别精度分为识别到大类或小类 2 个层级。失效管道采取切割换管的维修方式时，宜通过观察和试验，确定失效大类和小类，采取其他维修方式时，根据现场识别条件确定识别精度。

二、工作流程

油气田管道失效识别工作流程包括组织与保障、失效识别、失效统计、审核与上报等四个步骤，如图 4-2-2 所示。

1. 组织与保障

组织与保障包括人员组织、仪器设备配置以及 HSE 保障三个方面。在进行人员组织时，需要考虑以下几个方面：

（1）腐蚀调查方案的制作。制作整体的内腐蚀调查方案，并提供或组织相关培训。

（2）调查工作的通知。通知调查工作中涉及的时间节点。调查工作中，告知的时间非常关键，该时间可以保证调查人员在管线切割时到场。

（3）开挖和管道的更换。需要在腐蚀调查人员到场就位之后进行管道切管工作。

（4）样本的收集。在附近的设备设施中收集样本，同时需要对历史运营数据进行收集，如管道阴极保护运行数据、管道入口和出口运行压力及温度等。

（5）样品的运送。运送样品到分析实验室。

（6）数据的分析。回顾调查结果并通过调查数据决定是否需采取监测或缓解措施。

（7）调查的预算。对调查所需要的装备和服务进行相关的预算。

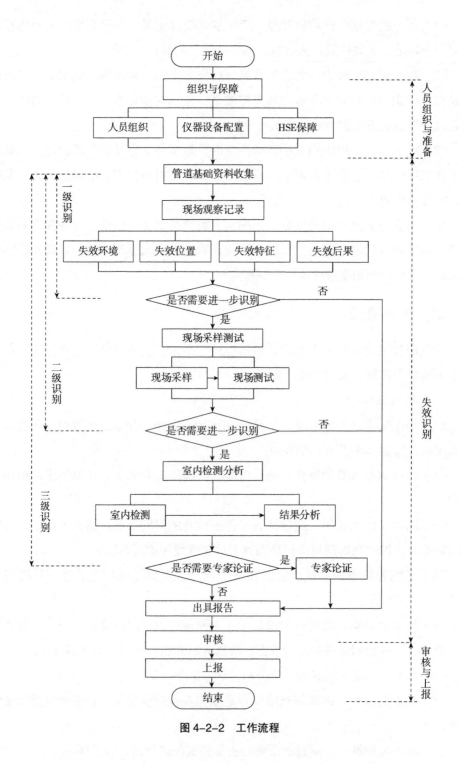

图 4-2-2 工作流程

现场调查人员应明确自己的工作内容，其主要工作内容包括：

（1）管线基础数据与历史运行数据调查。

（2）仪器设备准备及安全保障。

（3）与开挖或更换负责人沟通，确保在管线修复、更换、回填前到达现场。

（4）在附近的设备设施中收集样本。

（5）对失效管段现场采集的样品进行检测。

（6）数据统计及记录。

（7）失效类型判定。

（8）帮助运送样品到分析实验室。

现场调用仪器设备的准备应注意以下内容：

（1）现场调查用的仪器设备必须提前采购，并在第一时间无障碍提供。

（2）具体的设备工具包明细见表4-2-1。需要注意的是，调查人员必须熟悉使用仪器设备的程序。为确保测试结果正确和有效，应将仪器设备的使用方法对

表 4-2-1 现场失效分析常用工具

序号	类型	名　称
1	取样器具	样品瓶/袋
		滤纸
2	数据记录器具	放大镜
		数码相机
3	测量器具	钢尺
		里氏硬度计
		温度计
		精密pH值试纸
		数字万用表
		硫酸铜参比电极
4	测试器具	一次性注射器
		细菌测试瓶
		气体采集器
		快速气体检测管（H_2S）
		快速气体检测管（CO_2）

调查人员进行培训，如果一些调查任务需要操作员资质要求，还需要进行专业的培训。

（3）开展现场调查工作前需要提前做好安全防护工作。

（4）在现场调查实施前应与现场主管沟通，充分了解工作现场的环境及危害，并采取相应的措施以提高安全环保水平，包括但不限于以下措施：

①为保证开挖工作的安全，现场取样和测试工作需在管道被切割后并移动到安全区域后进行；

②有易燃气体或蒸气存在的工作环境下，需提前询问是否可以使用相机闪光灯；

③在挖掘和重型设备附近工作时需注意周围的环境，注意识别安全风险，采取必要的防护措施；

④现场调查人员确保在调查现场不遗留任何物品，在开挖或地面上不宜处理化学品或固体废物，用于接种细菌生长培养基的注射器必须按照国家规定予以销毁和处理。

2.基础信息收集

基础信息收集包括管道及周边环境信息、管道运行信息、腐蚀性介质及水质信息。其中管道及周边环境信息包括管道属性、设计参数、运维参数。具体内容如下：

（1）管道起点和终点名称；

（2）管道的高程和里程；

（3）管道管径、壁厚、长度及失效位置埋深；

（4）管道材质等级；

（5）管道外防腐层类型；

（6）是否有管道内涂层，内涂层类型；

（7）管道阴极保护方式；

（8）管道投产时间；

（9）管道运行状况；

（10）药剂添加情况；

（11）管道更换与维护情况。

管道运行信息包括管道输送介质信息及运行参数。具体内容如下：

（1）油管道收集输液量、含水率及油气比数据；

（2）气管道收集输气量、产水量及产油量数据；

（3）注水管道收集输量；

（4）管道入口压力及出口压力；

（5）管道入口温度及出口温度。

腐蚀性介质及水质信息具体内容如下：

（1）油管道收集伴生气中 CO_2 和 H_2S 含量等；

（2）气管道收集输送气体中的 CO_2 和 H_2S 含量等；

（3）水管道收集介质中 SRB 细菌及溶解氧含量等；

（4）油田采出水或注水管道中的 Cl^- 含量、矿化度及 pH 值。

3. 现场观察记录

现场调查人员应观察并记录失效环境、失效后果、失效位置及失效特征等信息。

其中失效环境信息包括失效管道周边水文地质情况、地区类别、第三方活动、干扰源［如交流输电线路、高铁、地铁、交流电气化铁路、轻轨、磁悬浮列车、阳极地床（包括阴极保护辅助阳极地床、排流阳极地床等）、电焊区、直流接地极以及矿区等］等。

失效后果信息包括人员伤亡情况、泄漏量或污染面积、是否存在着火或燃爆等。

失效位置信息包括失效发生的管道里程点、时钟位置、失效点与环焊缝距离等，如管道内壁、管道外壁、管道顶部、管道底部、管道弯头、管道三通、管道变径处、异种金属焊接接头边线附近、管道接头及管道焊缝等。

失效特征信息包括防腐层和管体破损尺寸、破损形态及照片等。

4. 现场采样测试

现场采样包括失效管道周边样品和管道输送介质样品。其中失效管道周边样品包括保土壤样品、温层样品、补口情况、腐蚀产物样品（若有的话）、管道失效本体样品（若有截管）、管道内部的液体样品、气体样以及固体和泥状物样品等；管道输送介质样品包括管段失效位置上游液体和气体样品等。

基于现场采集样品，在现场开展液体样温度测试、pH 值测试，气体样中二氧化碳（气相）含量测试，固体和泥状样中含水率测试、pH 值测试、硫酸根离子含量测试、土壤电阻率测试、土壤 pH 值测试、防腐层附着力 / 剥离强度测试，微生物样中 SRB 含量测试，管道电化学参数测试，如管道腐蚀电位、管道极化电位、管道交流电压、管道交流电流密度等，见表 4-2-2。

表 4-2-2 现场测试项目清单

序号	测试类型	测试内容	备注/测试位置
1	水样	温度	管道内部样品
2		pH值	管道内部样品
3	气样测试	气体中CO_2和H_2S含量	管道内部样品
4	固体和泥状样品测试	土壤电阻率	管道外部样品
5	微生物测试	硫酸盐还原菌（SRB）含量测试	管道外部样品
6	管道阴极保护参数测试	管道腐蚀电位	管道基体样品
7		管道自然电位	管道基体样品
8		管道极化电位	管道基体样品
9		管道交流干扰电压	管道基体样品
10		管道交流电流密度	管道基体样品

5. 室内检测分析

承担三级识别的实验室应具备测试和失效分析的能力和业绩，同时取得省部级以上部门颁发的 CNAS 和 CMA 资质。实验室应结合具体送检样品，合理设置检测项目，科学判断失效类型，提交失效分析报告。实验室应具备的相关检测能力包括但不限于以下内容：

（1）电导率和 pH 值。

（2）溶解氧含量。

（3）管道内部固体 / 泥状样品碳酸盐。

（4）微生物数量。

（5）简易腐蚀产物测试，根据气味判断是否含 FeS 或 $FeCO_3$。

（6）腐蚀电化学测试。

（7）高温高压腐蚀模拟实验。

（8）金相组织测试。

（9）硬度测试。

（10）强度测试。

（11）韧性测试。

（12）X射线—衍射（XRD）测试。

（13）微观形貌测试—扫描电镜（SEM）。

（14）化学成分测试（化学法）。

表4-2-3列出了可能需要开展的测试项目清单，具体测试哪些项目，需要结合失效具体情况和专业工程师的意见确定。若基于检测结果能识别出管道失效的类型，则可直接识别，否则需要邀请行业的专家进行论证。

表4-2-3　实验室可能检测项目清单

样品	液体样品	固体/泥状/垢样样品	漏点或断口	管体
测试项目	水质分析（pH值测试、离子色谱分析、有机酸分析、微生物培养鉴定）	XRD测试、离子色谱测试、AAS、色谱/质谱分析、电导率测试、SEM测试、TEM测试、AES测试、SIMS测试、FTIR测试、化学法测试、显微组织测试、力学性能测试、腐蚀电化学测试、高温高压气腐蚀模拟实验	漏点或断口金相组织测试、漏点或断口化学成分测试、漏点或断口力学性能测试（冲击韧性、抗拉强度、硬度）、漏点或断口微观形貌测试	金相测试、化学成分测试、力学性能测试（冲击韧性、抗拉强度、硬度）

为了科学合理地利用有限的经费，并不是所有现场不可识别的失效事件均需要开展室内检测分析，只需选择典型的失效事件（多次重复出现且现场不可识别的失效事件）送至专业失效分析实验开展室内检测分析，并出具检测分析报告。

三、识别流程

图4-2-3显示了油气田管道失效大类的识别。现场调研人员达到失效现场后，首先判断是否为钢质管道。若为钢质管道，则观察失效形貌，是否为腐蚀导致的失效（即腐蚀穿孔或开裂等）。

若失效位置有腐蚀穿孔或裂纹，则查看是否有开裂或裂纹等，若有则将样品送至实验室或第三方机构进行失效分析，判断是否为环境敏感断裂失效；否则，判断是内腐蚀穿孔还是外腐蚀穿孔。若为内腐蚀穿孔，则归类为内腐蚀失效；否则归类为外腐蚀失效。

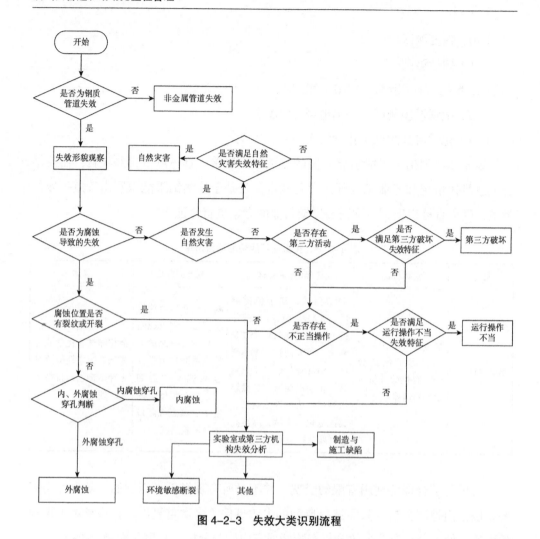

图 4-2-3 失效大类识别流程

若失效位置没有腐蚀穿孔或开裂，则查看天气情况，是否发生了自然灾害。若发生了自然灾害，则对照自然灾害的识别判据，若满足则归类为自然灾害失效。若没有发生自然灾害或不满足自然灾害的失效特征，则查看是否有第三方活动，包括管道所属单位的施工和第三方的施工等，若有第三方活动，对照第三方破坏的识别判据，若满足则归类为第三方破坏失效。若不存在第三方活动或不满足第三方破坏失效特征，则判断是否存在不正当操作。若有不正当操作，对着运行操作不当识别判据，若满足，则归类为运行操作不当失效；若不存在不正当操作或不满足运行操作不当失效特征，则将样品送至实验室或第三方机构进行失效分析，判断是否属于制造与施工缺陷、其他失效类型。

四、识别判据

鉴于三级识别情况复杂，且往往需要专家论证，本书只介绍一级识别和二级识别可以识别的失效类型的判据。

1. 一级识别判据

通过一级识别可以将"内腐蚀"失效大类中的"电偶腐蚀""冲刷腐蚀""垢下腐蚀""水线腐蚀"，"外腐蚀"失效大类中的"保温层下腐蚀"和"补口腐蚀"，"第三方破坏"，"运行操作不当"失效大类中的"结垢堵管"和"误操作"，以及"自然灾害"失效大类中的"水文灾害""地质灾害"等失效类型识别出来。同时可以将"制造与施工缺陷"中部分"管体缺陷"和"施工焊接缺陷"进行识别。

（1）电偶腐蚀。

通常发生在两种不同金属相互接触（或焊接接头）、有内涂层和无内涂层涂覆的边线附近。通常表现为一侧金属腐蚀严重，呈现沟槽状腐蚀特征。例如，焊缝接头的电偶腐蚀表现为焊缝一侧的沟槽形貌，常常导致管道、储液槽等设备穿孔。电偶腐蚀的典型形貌如图 4-2-4 所示。

（2）冲刷腐蚀。

通常发生在管道的弯头、三通、变径等特定的部位。失效特征通常表现为带有方向性的槽、沟、波纹、圆孔和山谷形。冲刷腐蚀的典型形貌如图 4-2-5 所示。

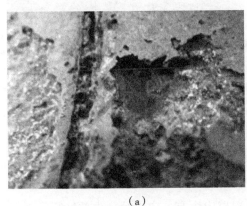 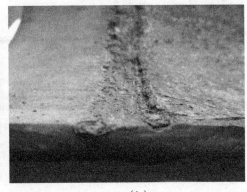

（a）　　　　　　　　　　　　（b）

图 4-2-4　电偶腐蚀典型形貌

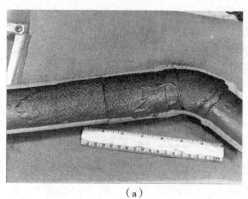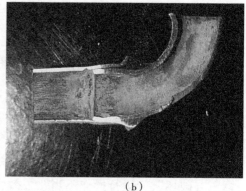

（a）　　　　　　　　　　　　　　　（b）

图 4-2-5　冲刷腐蚀典型形貌

（3）垢下腐蚀。

通常发生在管线内部各时钟位置，且均有垢形成，部分由于流型、流态和流速不同在管线底部出现垢层。失效特征通常表现为呈规则圆形蚀坑，与细菌腐蚀协调作用时的蚀坑呈规则圆锥形。垢下腐蚀的典型形貌如图 4-2-6 所示。

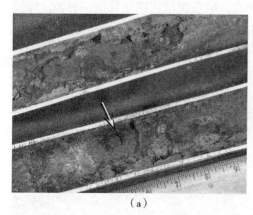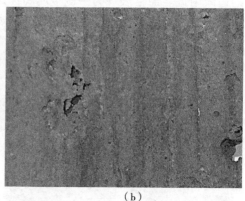

（a）　　　　　　　　　　　　　　　（b）

图 4-2-6　垢下腐蚀典型形貌

（4）水线腐蚀。

通常处于管道内部有水的环境，通常分布于管线底部 4 点至 7 点油水界面处或水气界面处。失效特征表现为沿某个时钟位置的局部腐蚀，其他时钟位置呈现均匀腐蚀或无显著腐蚀。水线腐蚀的典型形貌如图 4-2-7 所示。

（5）保温层下腐蚀。

通常发生在带有保温层的管道，且保温层内含有一定水分，失效特征通常表现为坑蚀或腐蚀减薄。保温层下腐蚀的典型形貌如图 4-2-8 所示。

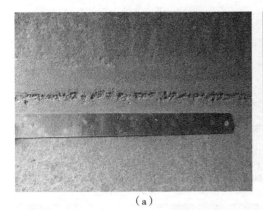
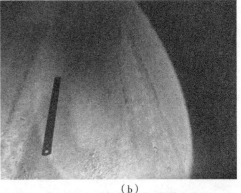

（a）　　　　　　　　　　　　　　（b）

图 4-2-7　水线腐蚀典型形貌

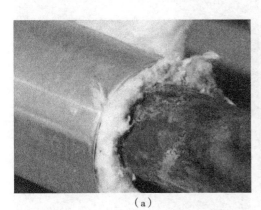

（a）　　　　　　　　　　　　　　（b）

图 4-2-8　保温层下腐蚀典型形貌

（6）补口腐蚀。

通常发生在 3PE 管道热收缩带补口位置，或防水帽接口位置，且外部补口位置热熔胶与主体管道 PE 防腐层及管体黏结不良，补口处金属表环氧底漆脱落。失效特征通常表现为均匀腐蚀形貌，特殊情况下为环状。补口腐蚀的典型形貌如图 4-2-9 所示。

（7）第三方破坏。

失效附近往往存在第三方施工、人口活动、采挖、耕种、偷盗等人为活动行为，失效特征主要表现在直接导致管道破裂，引起介质泄漏、着火爆炸事故。管道通常表现为孔洞、凹陷致断裂等失效方式。第三方破坏引起的典型失效形貌如图 4-2-10 所示。

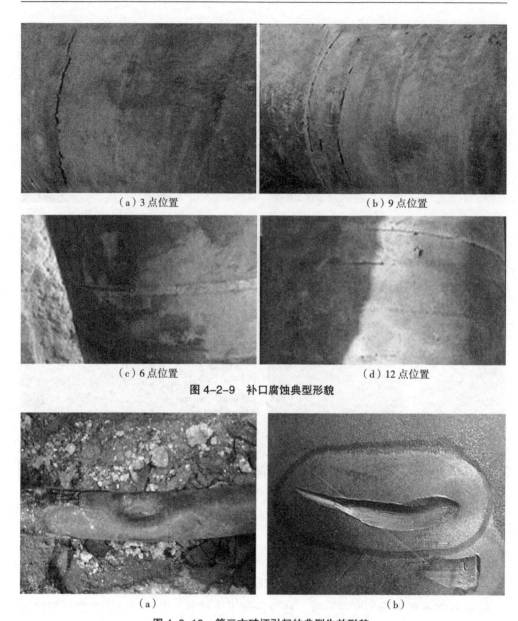

（a）3点位置 （b）9点位置

（c）6点位置 （d）12点位置

图 4-2-9 补口腐蚀典型形貌

（a） （b）

图 4-2-10 第三方破坏引起的典型失效形貌

（8）结垢堵管。

一般发生在注水管线内部，内部介质含 Ca^{2+}、Mg^{2+}、Ba^{2+}、Sr^{2+}、CO_3^{2-}、SO_4^{2-} 等结垢型离子，产出介质中含 SiO_2 砂垢，服役过程中产生 $FeCO_3$ 等锈垢。失效特征通常表现为管道内部产生大量结垢产物，无腐蚀穿孔，但结垢产物致密并充满整个管体。结垢堵管引起的典型失效形貌如图 4-2-11 所示。

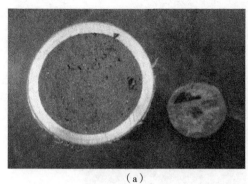 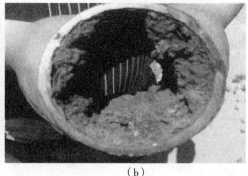

（a）　　　　　　　　　　　　　　（b）

图 4-2-11　结垢堵管引起的典型失效形貌

（9）误操作。

通常发生在管道基体、焊缝、阀门、法兰，以及密封性较差或承压能力较薄弱位置。

管道基体和焊缝的失效特征主要表现在电火花烧蚀产生的腐蚀穿孔，或管壁减薄时承压能力差导致的"先漏后破"的泄漏与断裂现象。阀门和法兰的失效特征主要表现在由于误操作导致的构件密封能力差而产生的泄漏。

（10）水文灾害。

水文灾害包括寒流、雷电、暴雨洪水等。

寒流导致的失效往往发生在有季节性冻土环境下的冬季、初春或气温骤变的寒流天气。其失效特征表现在两个方面：一是管道外部的季节性冻土导致地基隆起，进而引发管道或构件变形而开裂；二是管道内部介质尤其是气管线，一般表现为出站管线在压力急剧降低时内部介质温度的骤降，管道的失效表现为外部结霜。寒流引起的典型失效形貌如图 4-2-12 所示。

雷电导致的失效往往发生在雷电天气，其失效特征通常表现为管壁熔融，熔融处表现为规则圆形蚀坑，几乎无显著腐蚀产物。当产生管壁熔融时，管壁由于承压不足而导致破裂。雷电引起的典型失效形貌如图 4-2-13 所示。

暴雨导致的失效往往发生在穿跨越浅滩、河流、沟渠等水流活动地区的管道上，通常出现河床变化较为剧烈或遇洪水、水流冲刷造成管道裸露、漂浮、悬空、变形、断裂等破坏现象。其季节性特征非常明显，集中发生在雨季或汛期，水流冲刷导致管道上敷土层松动脱离、河岸毁坏，管道半埋于河床或悬浮于水中，受（含沙土）水流的强大冲击作用发生变形、振动、甚至断裂。暴雨引起的典型失效

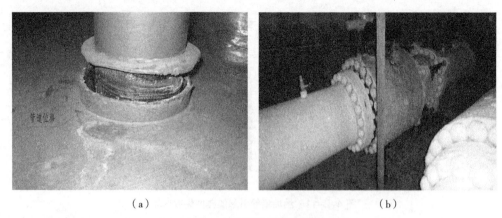

（a） （b）

图4-2-12 寒流引起的典型失效形貌

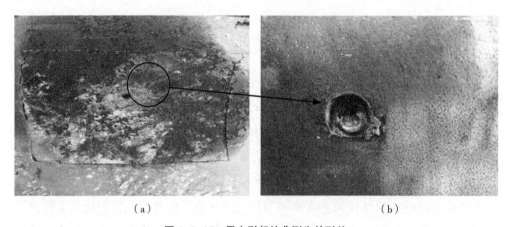

（a） （b）

图4-2-13 雷电引起的典型失效形貌

形貌如图4-2-14所示。

（11）地质灾害。

通常有地震、滑坡、泥石流、地面沉降等地质活动发生，失效特征表现为管道发生位移、开裂或折弯。地质灾害引起的典型失效形貌如图4-2-15所示。

（12）管体缺陷。

常见管体缺陷分为两大类，管体表观缺陷和管体内部缺陷，涉及两类识别。管体表观缺陷可通过一级识别进行识别，管体内部缺陷通常通过三级识别进行识别。

其中管体表观缺陷的通常位于母材、焊缝、阀门、三通、弯头等部件，其失效特征通常表现为管壁厚度不均，偏心，砂眼等常规管体缺陷。该缺陷为管材的

图 4-2-14　暴雨引起的典型失效形貌

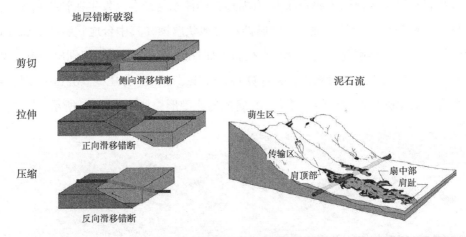

图 4-2-15　地质灾害引起的典型失效形貌

非冶金特征。

　　管壁厚度不均主要体现为螺旋状或直线状，通常分布于管端，体现为偏厚或偏薄；偏心主要体现在管道内外表面中心轴线不重合，导致的某一给定截面处的壁厚沿圆周方向不均匀；砂眼主要体现为由于杂粒失落或其他行为，导致管壁上形成的单个凹缺陷。

　　（13）施工焊接缺陷。

　　常见施工焊接缺陷分为两类，施工焊接表面缺陷和施工焊接内部缺陷。

其中施工焊接表面缺陷（包括咬边、弧坑裂纹、未焊透、表面夹渣、表面气孔、引弧烧伤等）可通过一级识别进行识别。部分施工焊接内部缺陷（如内部裂纹或气泡）可通过二级识别（现场无损检测，如 X 射线探伤）进行识别，失效特征为焊缝内部裂纹或气泡等。部分施工焊接内部缺陷需通过三级识别进行识别，实验室检测内容通常包括焊接接头的金相组织、化学成分、抗拉强度、冲击韧性、硬度等理化性能的检测。失效特征为理化性能不符合相关标准要求。

2. 二级识别判据

通过二级识别可以将"内腐蚀"失效大类中的"CO_2 腐蚀"和"细菌腐蚀"，"外腐蚀"失效大类中的"土壤腐蚀""阴极保护失效引起的腐蚀""杂散电流腐蚀"进行识别。

（1）CO_2 腐蚀。

失效管道内通常含水和伴生气 CO_2。油管线容易发生在管道底部和水线位置，气管线容易发生在顶部（和底部），有垢存在的注水管线容易发生在管线底部。失效特征表现为呈现局部点蚀、癣状腐蚀和台地状腐蚀，其中台地状腐蚀是腐蚀过程中最严重的一种情况，腐蚀穿孔率很高。如根据上述特征不能识别出失效类型，宜开展气相中的 CO_2 含量测试，并计算 CO_2 分压。若 CO_2 分压 $> 0.021MPa$ 时，可归类为二氧化碳腐蚀导致的失效。CO_2 腐蚀的典型形貌如图 4-2-16 所示。

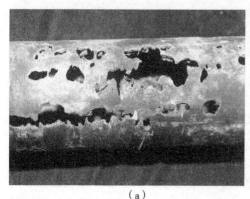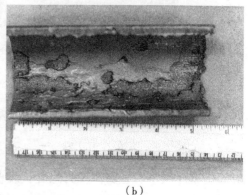

（a）　　　　　　　　　　　　　　　　（b）

图 4-2-16　CO_2 腐蚀典型形貌

（2）细菌腐蚀。

细菌腐蚀很少发生在正常运行的凝析油管道、湿气管道、干气管道。其失效特征多为高度的局部点蚀，去除表面腐蚀产物后，金属表面保护膜脱落，呈现光亮活性的表面极易发生腐蚀，蚀坑是开口的圆孔，纵切面呈锥形，孔内部是许多同心圆形或阶梯形的圆锥。如根据上述特征不能识别出失效类型，宜开展 SRB 含量测试。若测得 SRB 含量达到 10 个 /mL 时，可归类为细菌腐蚀导致的失效。典型细菌腐蚀形貌如图 4-2-17 所示。

（a）　　　　　　　　　　　　　　　　（b）

图 4-2-17　细菌腐蚀典型形貌

（3）土壤腐蚀。

通常发生在土壤电阻率较低的区域，管道未施加阴极保护和保温层，且周边无铁路、地铁、轻轨、高压交直流输电线路、电焊等干扰源。其失效特征通常表现为管道防腐层有破损，且表现为均匀腐蚀，打磨产物后表面粗糙，边缘不整齐。如根据上述特征不能识别出失效类型，宜开展管道腐蚀电位测试。测得管道腐蚀电位在 $-0.4 \sim -0.85 V_{CSE}$ 时，可归类为土壤腐蚀导致的失效。土壤腐蚀典型形貌如图 4-2-18 所示。

（a）　　　　　　　　　　　　　　　　（b）

图 4-2-18　土壤腐蚀典型形貌

（4）阴极保护失效引起的腐蚀。

通常发生在施加了阴极保护的埋地钢质管道，其失效特征表现为管道外壁发生腐蚀泄漏，其腐蚀形貌表现为均匀腐蚀。若根据上述特征不能识别出失效类型，宜开展土壤电阻率和管道极化电位测试。若测得管道土壤电阻率和管道极化电位不满足国标 GB/T 21448—2017《埋地钢质管道阴极保护技术规范》中"阴极保护准则"的相关规定时，可归类为阴极保护失效导致的腐蚀。

（5）杂散电流腐蚀。

杂散电流腐蚀包括交流杂散电流腐蚀和直流杂散电流腐蚀。交流杂散电流腐蚀通常发生在周边 1km 范围内存在高压交流输电线路、交流电气化铁路、高铁、交流电焊机等的管道上。直流杂散电流腐蚀通常发生在周边 10km 范围内有地铁、轻轨、（特）高压直流输电线路接地极、直流电气化铁路、矿厂、阳极地床以及直流电焊机等的管道上。交流杂散电流腐蚀的失效特征通常表现为外面为凸起的坚硬"瘤"状，里面为圆形点蚀坑，去除产物后光亮，边缘整齐，典型形貌如图4-2-19 所示。

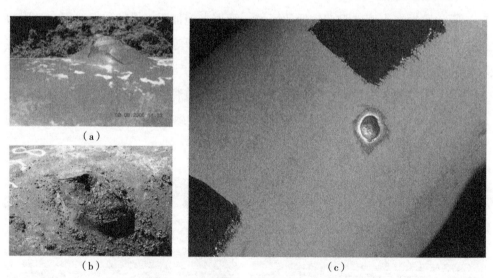

图 4-2-19　交流杂散电流腐蚀典型形貌

直流杂散电流腐蚀的失效特征通常表现为圆形的点蚀坑，打磨后点蚀坑光滑。如根据上述特征不能识别出失效类型，则应开展管道腐蚀电位、管道自然电位、管道交流干扰电压以及管道交流电流密度测试。若测得管道交流电流密度大于 30A/m² 时，则可归类为交流杂散电流腐蚀导致的失效；若测得管道充分去极化后管道腐蚀电位偏移（相对自然电位的偏移）超过 20mV，可归类为直流杂散电流腐蚀导致的失效。直流杂散电流腐蚀典型形貌如图 4-2-20 所示。

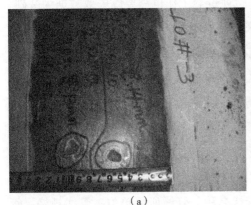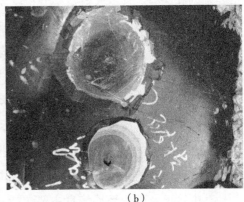

（a）　　　　　　　　　　　　　　　（b）

图 4-2-20　直流杂散电流腐蚀典型形貌

五、识别报告

通常，油气田管道失效识别报告包括但不限于以下内容：

（1）失效事件概况。

（2）失效管道基本情况。

（3）管道及周边环境信息。

（4）管道运行信息。

（5）现场测试。

（6）实验室测试。

（7）失效原因分析。

（8）失效识别结论。

第三节　油气田管道失效统计

一、单次失效统计

由于管道失效数据库的统计分析结果和重大事故具体失效案例分析能够让管道管理人员对管道风险有更深入的认识，为完整性管理和风险减缓方面的决策制定提供依据。建立管道失效数据库，可切实提升管道的安全管理水平，避免重大事故或灾害的发生。同时，信息充实的管道失效数据库也是实施管道风险评价的重要基础和保障。管道失效概率分析、风险评价等工作也需要以失效数据为基础。例如，根据管道基本信息中参数的差异来分析管道失效情况的变化，可以总结出管道失效的趋势和主要影响因素，为实施减缓风险措施提供依据。

建立失效数据库的前提是收集每次失效事件的数据，这就需要开展失效统计工作。单次失效统计主要是为了给失效类型的识别提供基础数据。单次失效事件完成识别工作后，应编制失效识别报告，该识别报告的设计依据为管道失效数据库。本书附录给出了典型单次失效识别报告的示例。该报告由管道及周边环境信息、管道运行信息、观察记录、现场测试以及失效类型几个部分组成。

其中管道及周边环境信息主要包括管线名称、管线所属单位、管线规格、管线材质、投产时间、防腐方式以及最近一次检测及修复情况等；管道运行信息主要包括输送介质、产液量、产气量、含水率、油气比、气液比、入口压力、出口压力、入口温度、出口温度、伴生气腐蚀介质以及采出水信息等；观察记录内容主要包括失效时间、地理位置、管线里程、地区等级、发现方式、失效位置、失效部位、失效尺寸、外防腐层破损尺寸、失效特征描述、周边环境描述、第三方活动（包括干扰源情况）、失效后果、污染面积、失效模式及现场照片等；现场测试内容包括水样、气样、固体和泥状样品、微生物以及管道电化学参数测试内容，具体包括：温度、pH值、总碱度、二氧化碳含量、含水率、硫化物、碳酸盐、SRB、管道腐蚀电位、管道极化电位、管道交流干扰电压以及交流电流密度等；失效类型按照管道失效分类将其分为 8 大类 23 小类。

二、年度失效统计

年度失效统计的目的是为了弄清管道失效的原因，明确影响管道完整性的因素及占比情况。作为日常管理，主要从总体失效频率，年度管道失效率，以及单个失效类型（大类）年度失效率及其失效占比三个因素来统计管道失效情况。

总体失效频率是按照管道失效数据分析对象，统计时期（计算单位是年）内每千米年的失效次数 F_z，其计算公式如下：$F_z = N_{inc} / \sum (L_i Y_i)$。其中，$N_{inc}$ 为统计时期内的失效总次数，L_i 为管道的长度（km），Y_i 为对应 L_i 统计时期内的运行时间（a），i 代表某类统计的管道。

年度失效频率是当年每千米管道的失效次数，即 $N_a/\sum L_i$，其中，N_a 为当年管道失效次数，L_i 为各类管道的总长度（km）。

单个失效类型（大类）年度失效率即内腐蚀、外腐蚀、环境敏感断裂、制造与施工缺陷、第三方破坏、运行操作不当、自然灾害以及非金属管道失效八大类因素导致的失效当年每千米的失效次数，即 $N/\sum L_i$，其中 N 为当年由某一失效因素导致的管道失效次数。

单个失效类型（大类）引起的管道失效百分比即由内腐蚀、外腐蚀、环境敏感断裂、制造与施工缺陷、第三方破坏、运行操作不当、自然灾害以及非金属管道失效引起的管道失效次数占所有失效次数的百分比，即 $N/N_总$，其中 N 为当年由某一失效类型导致的管道失效次数，$N_总$ 为当年所有失效次数。

从专业分析的角度，除了以上三个方面外，还需结合失效管理目标（Ⅰ、Ⅱ、Ⅲ管道年度失效率、不同厂处管道失效率）和影响管道失效的因素（如管道材质、输送介质、所处环境、腐蚀控制情况等）进行统计，统计内容包括但不限于：

（1）Ⅰ、Ⅱ、Ⅲ类管道年度失效率及其占比。

（2）不同厂处管道年度失效率及其占比。

（3）不同材质管道年度失效率及其占比，如碳钢管道、非金属管道等。

（4）不同输送介质管道年度失效率及其占比，如净化油管道、净化气管道、湿气管道（包括单井和集支干线管道）、多相流管道（包括单井和集支干线管道）、注水管道、污水管道等。

（5）不同地区管道年度失效率及其占比，如沙漠地区管道、戈壁地区管道、草原地区管道、穿越湖泊 / 河流等管道、沼泽地区管道、湿地地区管道、滩海地区管道等。

（6）不同类型防腐层管道年度失效率及其占比。

（7）不同防护类型管道年度失效率及其占比。

（8）施加 / 不施加阴极保护管道年度失效率及其占比。

以上因素的统计方法与单个失效类型（大类）年度失效率及其占比的统计方法完全相同。

第五章 站场完整性管理

第一节 站场完整性管理总体要求

一、定义

站场完整性是指站场区域和设备在物理上是没有缺陷的，通过物理上的完整来实现功能的完整，属于资产完整性管理的范畴。站场完整性管理为管理者不断根据最新信息，对站场运营中面临的风险因素进行识别和评价，对可能使站场设备设施失效的主要威胁因素进行检查、检测、检验，据此进行适用性评估，并不断采取针对性的风险减缓措施，将风险控制在合理、可接受的范围内，使站场始终处于可控状态，达到持续改进、预防和减少事故发生、经济合理地保证站场安全运行的目的。

二、目标及原则

油气田站场完整性管理目标为保障站场本质安全，控制运行风险，延长使用寿命，提高管理水平，实现站场全生命周期经济、安全、平稳运行。为了达到该目标，需要遵照以下四点原则。

（1）合理可行原则：基于风险管理的理念，实行站场分类、站内设备设施的风险分级管理措施，实现站场和设备设施的差异化管理。

（2）分类分级原则：基于风险管理的理念，实行站场分类、站内设备设施的风险分级管理机制，实现站场和设备设施的差异化管理。

（3）有序开展原则：按照先重点、后一般，先试点、再推广的顺序开展完整性管理工作。

（4）防控为主原则：在风险分析和预测的基础上，整体规划，主动防护，动态调整。

三、流程及内容

站场完整性管理工作流程包括数据采集、风险评价、检测评价、维修维护、效能评价五个环节。通过上述过程的循环，逐步提高完整性管理水平。工作流程示意图如图 5-1-1 所示。

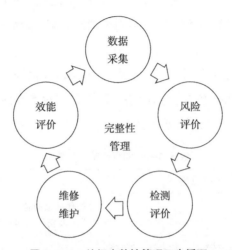

图 5-1-1　站场完整性管理五步循环

（1）数据采集：应结合站场竣工资料、生产运行与维修维护资料，进行数据采集工作，采集对象宜包括静设备、动设备、仪表系统，采集数据宜包括属性数据、工艺数据、运行数据、风险数据、失效管理数据、历史记录数据和检测数据等。

（2）风险评价：利用采集的数据，对站场内的静设备、动设备和仪表系统进行危害辨识，并对辨识的危害开展风险评价，确定站场内的高风险区域及关键设备，并提出站场监 / 检测工作建议。

（3）检测评价：根据风险评价结果，确定检测对象，制订站场检测计划；应针对检测对象、失效模式，依据相关标准，选择合适的检测设备和方法，制订现场检测方案并实施检测评价，提出站场维修维护工作建议。

（4）维修维护：应针对检测评价结果，确定维修维护对象，制订站场维修维护工作计划；依据相关标准，制订维修与维护实施方案，按照方案实施站场的维修维护工作，并做好过程的质量监控与数据采集工作。

（5）效能评价：针对完整性管理方案的落实情况，考察完整性管理工作的有效性，提出下一步工作改进建议。

四、管理策略

油气田站场包括原油处理站、天然气处理站、污水处理站、转油站、集气站、计量站等，站场类型多样、工艺复杂、大小差异较大，为了科学适度地开展完整性管理，需要对站场进行分类，针对不同类别站场制订差异化的管理策略。

1.站场分类

根据站场类型将站场分成一类、二类、三类，并根据站场内设备设施承担的功能不同，将站场设备设施分为静设备、动设备和仪表系统（安全仪表系统、监测仪表系统等）。具体分类建议可见表 5-1-1。

表 5-1-1　油气田站场分类表

类别	油田站场	气田站场
一类	集中处理站、油库	处理厂、净化厂、天然气凝液回收厂、LNG厂、提氦厂、储气库集注站
二类	脱水站、原稳站、转油站、放水站、配制站、注入站、污水处理站、中间泵站	增压站
三类	计量站、阀组间、配水间	集气站、输气站、配气站、储气库集配站、脱水站、采气井站、阀室

2.管理策略

一类、二类、三类站场的完整性管理策略见表 5-1-2 至表 5-1-4。

对不同类别站场实施风险评价后，依据风险评价结果确定监/检测范围，并实施有针对性的监/检测评价，及时采取维修维护措施，使风险处于可控状态。

表 5-1-2　一类站场完整性管理策略

项目	设备分类	油田站场	气田站场
风险评价	静设备	应开展（RBI）评价	应开展RBI评价
	动设备	关键设备应开展以可靠性为中心的维修（RCM）评价	关键设备应开展RCM评价
	仪表系统	—	在建设期内宜开展安全完整性等级（SIL）评价；运行期内每5年可开展一次SIL评价

项目	设备分类	油田站场	气田站场
风险评价	工艺安全	在建设期应开展一次HAZOP分析；在运行期重大工艺变更之前或每5年宜开展一次HAZOP分析	在建设期应开展一次HAZOP分析；在运行期重大工艺变更之前或每5年宜开展一次HAZOP分析
检测评价	静设备	（1）压力容器和压力管道应按相关标准执行检验。（2）非特种设备应根据RBI评价结果制订检测计划并执行	（1）压力容器和压力管道应按相关标准执行检验。（2）应根据RBI评价结果制订监/检验计划并执行
检测评价	动设备	宜根据RCM评价结果制订检测/监测计划并执行	宜根据RCM评价结果制订检测/监测计划并执行
检测评价	仪表系统	—	（1）应按要求进行定期校验。（2）宜根据SIL评价结果，制订整改措施
维修维护	静设备	应根据风险评价和检测评价的结果，制订维护策略并实施	应根据监/检测和风险评价结果，制订维护策略并实施
维修维护	动设备	应根据风险评价和检测评价的结果，制订维护策略并实施	应根据监/检测和风险评价结果，制订维护策略并实施
维修维护	仪表系统	应根据风险评价和检测评价的结果，制订维护策略并实施	应根据监/检测和风险评价结果，制订维护策略并实施

表5-1-3 二类站场完整性管理策略

项目	设备分类	油田站场	气田站场
风险评价	静设备	（1）宜开展定性RBI评价。（2）在设备设施、工艺介质、工艺流程和外部环境类似的区域，可采用区域性的定性RBI评价	（1）宜开展定性RBI评价。（2）在设备设施、工艺介质、工艺流程和外部环境类似的区域，可采用区域性的定性RBI评价
风险评价	动设备	关键设备宜开展RCM评价	关键设备宜开展RCM评价
检测评价	静设备	（1）压力容器和压力管道应按相关标准执行检验。（2）非特种设备宜根据RBI评价结果制订检测计划并执行	（1）压力容器和压力管道应按相关标准执行检验。（2）宜根据RBI评价结果制订监/检验计划并执行
检测评价	动设备	宜根据RCM评价结果制订检测/监测计划并执行	宜根据RCM评价结果制订检测/监测计划并执行
维修维护	静设备	应根据风险评价和检测评价的结果，制订维护策略并实施	应根据监/检测和风险评价结果，制订维护策略并实施
维修维护	动设备	应根据风险评价和检测评价的结果，制订维护策略并实施	应根据监/检测和风险评价结果，制订维护策略并实施

表 5-1-4　三类站场完整性管理策略

项目	设备分类	油田站场	气田站场
风险评价	静设备	（1）可开展定性RBI评价。 （2）在设备设施、工艺介质、工艺流程和外部环境类似的区域，可采用区域性的定性RBI评价	（1）可开展定性RBI评价。 （2）在设备设施、工艺介质、工艺流程和外部环境类似的区域，可采用区域性的定性RBI评价
检测评价		（1）压力容器和压力管道应按相关标准执行检验。 （2）非特种设备可根据RBI评价结果制订检测计划并执行	（1）压力容器和压力管道应按相关标准执行检验。 （2）应根据风险评价结果，结合腐蚀防护分析制订监/检测方案并执行
维修维护		应根据监/检测和风险评价结果，制订维护策略并实施	应根据监/检测和风险评价结果，制订维护策略并实施

对于按标准化设计和标准化建设的二类、三类站场，可按照区域完整性管理的方式执行。包括但不限于以下特征，可划分为一个区域：

（1）各站场处于一个开发区块或储层为同一层位。

（2）各站场均按标准化设计和建设，工艺基本一致。

（3）各站场建成投产时间相差不宜超过1年。

（4）站场设备设施介质中主要危害性组分（毒性、易燃易爆、腐蚀性等）含量基本相同。

（5）设备设施主要材质类型（碳钢、低合金钢、高合金钢）相同。

（6）工况基本相同（温度、流量、压力等）。

第二节　站场数据管理

站场数据管理由油气田公司负责组织，制订站场数据采集计划和实施方案，并监督实施，负责数据管理培训工作，厂（处）级单位负责对所辖站场的数据采集、储存与上报，完整性管理技术支撑单位对数据采集工作提供技术支持。

一、数据管理流程

站场数据管理流程如图 5-2-1 所示。

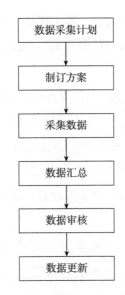

图 5-2-1 气田站场数据采集流程

二、数据管理内容

1. 制订数据采集方案和计划

油气田公司负责制订数据采集方案及计划，明确采集目标、采集的数据类型和范围、数据采集方法、数据质量要求、数据采集责任人、时间进度安排、采集频次等。厂（处）级单位根据油气田公司的年度数据采集计划制订本单位的数据采集计划，采集计划应涵盖建设期和运行期数据采集。数据采集计划需经主管部门审批备案。

2. 数据采集人员及培训

厂（处）级单位应根据油气田公司数据采集方案，明确数据采集人员。油气田公司根据各单位的培训需求，进行数据采集方面的培训，确定培训的对象、培训的目的、效果、考核方式、培训内容。

3. 数据采集

（1）数据采集范围。

所要采集的数据包括以下方面。

①站场基本信息。

站场设计信息：设计工艺、选材、规模、原料及产品组成和各类考核指标等站场建设信息（建设时间、验收时间、竣工图纸、周边环境等验收资料）。

站场运行信息：处理量、运行工艺参数、产品质量、能耗等。

②设备设施基础数据。

容器类：容器名称、容器编号、容器类别、规格型号、投用时间、直径、长度（高度）、设计壁厚、材料、设计压力、设计温度、操作压力（包括最大值和最小值）、操作温度（包括最大值和最小值）、腐蚀裕量、制造厂家等。

管道类：管道名称、管道编号、投用时间、直径、长度、壁厚、材料、设计压力、设计温度、操作压力（包括最大值和最小值）、操作温度（包括最大值和最小值）、腐蚀裕量、制造厂家等。

阀类：阀编号、安装位置、工作介质、投用时间、规格型号、制造厂家、阀门结构图、操作及维护手册等，针对安全阀还包括整定压力、有无起跳历史、安置方式等。

动设备类：设备名称、设备编号、投用时间、规格型号、制造厂家、设备结构图、操作及维护手册等。

电气控制系统类：编号、安装位置、控制方式、执行机构型式、投用时间、接口类型、供电类型、量程范围、防护等级、防爆等级、制造厂家、控制系统图等。

仪器仪表类：规格型号、材质、量程、精度等。

③风险分析数据。

风险分析时间、失效可能性等级、失效后果等级、主要失效模式、风险等级、预计下一次大修（检验）时间、预计下一次大修（检验）时失效可能性、预计下一次大修（检验）时风险等级、风险控制建议等。

④监/检测数据。

监/检测方案、监/检测位置、监/检测方法、频率、结果分析和监/检测设备信息等。

⑤检/维修数据。

检/维修方案、主要内容、项目、结果等数据收集内容依据年度工作计划而确定。

（2）数据采集。

设备设施本体属性数据、建造数据、运行环境等数据采集，运行数据、监/检测评价数据、维修维护数据等采集。厂（处）级单位的数据管理员负责对采集的数据的真实性和准确性进行审核并上报；油气田公司完整性管理部门数据管理员负责对厂（处）级单位上报数据是否符合数据采集计划要求进行审查、上报并储存备案。

4. 数据整合

厂（处）级单位将所采集到的数据进行校验，首先保证数据的真实性和准确性，数据校验可通过数据录入软件进行，必要时需要与现场情况进行核实。

厂（处）级单位将校验后的数据进行初步整合，整合过程依据统一的参照系和统一的计量单位进行，将从多种渠道获得的各种数据综合起来，并与设备设施位置等准确关联。例如，设备内检测的缺陷数据与设备设施单元、地理位置等关联，有条件的可将所采集的数据存入 GIS 等信息系统，达到数据的完全整合。

完整性管理技术支撑单位对数据进行监控、及时对异常数据进行分析，发现问题采取纠正措施。

5. 数据更新

厂（处）级单位应做好新建站场的数据移交，运行期站场设备设施的维修、更换相关数据及腐蚀、运行状态监测数据的更新工作。

新建设备设施在竣工验收，监 / 检测和维护维修项目验收评审时，应同步完成数据移交工作，所有相关数据必须符合要求。

第三节　站场风险评价

站场风险评价是利用采集的数据，对站场内的静设备、动设备和仪表系统进行危害辨识，并对辨识的危害开展风险评价，确定站场内的高风险区域及关键设备，并提出站场监 / 检测工作建议。一般由熟悉气田站场相关情况的人员和具有风险评价经验的专家组织开展，在明确评价对象和风险评价的过程中需广泛征询管理部门、生产一线的操作工人及其他相关人员的意见。风险评价的总体路程如图 5-3-1 所示。

站场风险评价采用分类分级管理原则实施（表 5-3-1）。

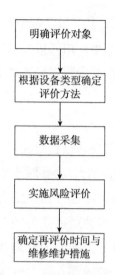

图 5-3-1　气田站场风险评价流程

表 5-3-1　站场风险评价方法

站场分类	站内设备类型	评价方法
一类站	静设备	RBI
	动设备	RCM
	安全仪表系统	SIL
	站场工艺	HAZOP
二类站	静设备	RBI
	动设备	RCM
三类站	静设备	RBI

一、基于风险的检测（RBI）

基于风险的检测（RBI）主要目的是制订静设备检测方案，适用于站场静设备的风险评价，一般采用定量评价和定性评价。

1.定量评价

实施过程如图 5-3-2 所示。

定量 RBI 评价需要对站场所属的工艺单元及设备进行筛选，确定开展风险评价的范围。

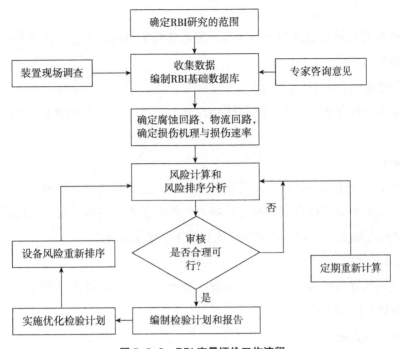

图 5-3-2 RBI 定量评价工作流程

工艺单元的筛选通过简单的 RBI 定性评价，给出各相对单元的风险排序，选择需要进行 RBI 定量评价的单元。典型单元应包括（不限于此）：原料气过滤分离单元；脱硫、脱碳单元；脱水、脱烃单元；硫黄回收单元；尾气处理单元；酸水汽提单元；火炬放空单元；增压单元；气田水处理单元；凝析油处理单元；制冷单元；LNG 液化单元。

定量 RBI 评价可用于以下设备项：塔器；过滤器；分离器；反应器；罐类—常压储罐和压力储罐；换热器—管式换热器和空冷式换热器；炉类—余热锅炉和加热炉；站内工艺管道；安全阀。

（1）数据的采集。

①收集原则与方法。

收集的资料应确保是最新版本；资料采用现场收集的方法。

②收集内容。

至少应收集：操作规程、工艺仪表流程图（PID）、工艺流程图（PFD）、运行记录、工艺介质分析记录、设备（容器、管道及安全阀）台账、设备竣工图、工艺管道规格表、检维修（大修）记录、检验记录等。

③数据采集方法。

通过查阅现场收集到的资料获得；通过现场实测或者采样评价获得；通过现场交流的方式获得。

通用数据包括（不仅限于此）：

a. 管理评审分数，具体分值参照 SY/T 6714—2020《油气管道基于风险的检测方法》。

b. 装置工艺稳定性。

确定的依据主要包括化学工艺的复杂程度、工艺是否存在异常严重的超温超压情况、工艺对管道或设备的制造材料有无特殊要求、控制系统是否能满足现行标准、供电系统是否稳定、工艺操作人员对工艺熟练程度。

c. 装置条件。

确定的依据包括装置在同行业标准中所处的水平、装置维护程序的有效性和装置的布局与结构。

d. 停产损失成本。

包括气田站场各类产品一天产量折算成市场价值的总和。

e. 装置计划停车次数 / 装置非计划停车次数。

f. 设备成本。

g. 人员伤亡成本。

④设备项基础数据。

典型数据包括（不仅限于此）：

a. 直径。

b. 长度 / 高度。

c. 设计壁厚。

d. 材料型号。

e. 腐蚀裕量。

f. 设计压力与设计温度。

g. 投用日期。

h. 物流数据，典型数据包括操作温度与操作压力、介质组分及含量、pH 值、流速、介质毒性、可燃性和反应性。

i. 检测数据，典型数据包括检测时间、检测结果（如测量壁厚或缺陷长度）、检测方法与有效性、安全状况评定等级。

（2）风险评价。

站场装置的腐蚀介质通常有 H_2S、CO_2、SO_2 和胺液等，装置存在的主要损伤机理包括以下几种。

①内部腐蚀减薄。

典型减薄机理有以下几种。

a. CO_2—H_2S—H_2O 腐蚀。

发生于碳钢材料在温度不高且潮湿的硫化氢环境下，腐蚀部位主要集中在原料气预处理单元、脱硫单元和尾气处理单元，以及火炬放空单元。

b. RNH_2—CO_2—H_2S—H_2O 腐蚀。

发生于碳钢材料在胺处理工艺中，腐蚀部位集中在脱硫单元和尾气处理单元。

c. 热稳定性盐腐蚀。

原料气中的氧或其他杂质与醇胺反应所产生的如盐酸盐、硫酸盐等一系列酸性盐，其阴离子与铁离子结合，破坏致密的硫化亚铁保护层而造成的腐蚀。腐蚀部位集中在脱硫单元和尾气处理单元。

d. 高温硫化腐蚀。

钢铁材料在高温下（碳钢和低合金钢在 240℃以上，不锈钢在 600 ~ 700℃以上），与含硫介质作用，生成硫化物而导致损坏。腐蚀部位集中在硫黄回收单元和尾气处理单元。

e. 氧腐蚀。

溶解氧作为阴极，与铁形成腐蚀电池而引起的腐蚀。腐蚀部位发生于蒸汽与凝结水系统。

f. 冲刷腐蚀。

g. 垢下腐蚀。

②外部损伤。

典型损伤机理有以下几种。

a. 保温材料下的层下腐蚀。

对于碳钢和低合金钢材料，会形成局部腐蚀，导致壁厚减薄；而对奥氏体不锈钢材料，在存在有残余应力的部位（如焊缝和弯头处）产生裂纹。

b. 大气腐蚀。

c. 土壤腐蚀。

d. 局部腐蚀。

③应力腐蚀开裂。

典型腐蚀机理有以下几种。

a. 硫化物应力腐蚀开裂（SSCC）。

硫化物腐蚀环境下，金属在腐蚀和拉伸应力（远低于屈服应力）的联合作用下所发生的延迟断裂，腐蚀部位主要集中在原料气预处理单元、脱硫单元、尾气处理单元和火炬放空单元。

b. 氢致开裂（HIC）。

湿硫化氢对钢材的表面腐蚀反应后生成的原子氢扩散到钢的内部，成为氢分子积聚于钢的晶格间，氢分子不断积聚，体积膨胀，导致钢材开裂。开裂出现的概率与溶剂类型密切相关，Sulfinol 脱硫装置最容易出现 HIC，DEA 装置比 MEA 装置更容易出现 HIC，MDEA 脱硫装置出现 HIC 的概率最小。

c. 胺应力腐蚀开裂。

发生在使用烷醇胺水溶液从各种气体中或碳氢化合物液态流体中去除诸如 H_2S 或 CO_2 等酸性气体的胺处理装置中，腐蚀一般发生于低浓度酸性气体的贫胺溶液中。

d. 碳酸盐腐蚀开裂。

发生于金属在中、高浓度碳酸盐的含硫碱性水环境下，腐蚀集中在高温（操作温度超过 90℃）胺液的设备与管道上。

（3）物流回路与腐蚀回路划分。

①物流回路划分。

在工艺流程图中，依据工艺关断设置，确定物流回路。

按照工艺流程，将能够在物料发生泄漏的情况下，达到紧急切断隔离作用的两个截断阀之间相连的设备及管道，划定为一个物流回路。

确定气田站场装置的截断点应主要考虑以下内容：能在中心控制室执行切断操作的联锁控制阀、流量控制阀或者液位控制阀（包括电动执行或气动执行）；两种不同性质物流之间且满足 3min 能到现场进行关闭的手动切断阀；长期处于关闭状态的手动控制阀，且需要满足其下游的管道可通过关闭此阀然后进行更换，同时更换时不影响正常生产的条件；往复泵或压缩机。

②腐蚀回路划分。

按照工艺，以流体介质特性和潜在的损伤机理，并根据设备项材质和运行参数，确定腐蚀回路。

将制造材料、操作温度、操作压力和介质腐蚀性相同或相似，且彼此相连的设备及管道划定为同一个腐蚀回路。

气田站场的腐蚀介质通常有 H_2S、CO_2、SO_2 和胺液等，在腐蚀回路划分时应考虑涉及这些介质的下列因素：设备材料类型；操作温度与操作压力；流体介质的相态；流体介质的组成与组分；外部环境条件（埋地环境或大气环境）。

（4）设备修正因子计算。

①计算内容。

技术模块次因子；通用次因子；机械次因子；工艺次因子。

②影响因素（不仅限于此）。

退化速率；检测有效性；装置条件；气候条件与地质条件；设备与管道的复杂性；寿命周期；安全系数；工艺的连续性与稳定性。

③计算方法。

设备修正因子的计算按照 SY/T 6714—2020《油气管道基于风险的检测方法》执行。

（5）风险的计算。

①失效可能性计算。

影响因素包括同类设备失效频率、设备修正因子、管理系统评估因子。

失效频率的计算参照 SY/T 6714—2020《油气管道基于风险的检测方法》，以及其他可以提供失效频率数据的方法 / 软件等执行。

②失效后果计算。

影响因素包括：工艺操作参数、流体介质性质、流体介质泄放量、流体介质泄漏速率。

失效后果的计算参照 SY/T 6714—2020《油气管道基于风险的检测方法》或其他可提供失效后果计算方法以及其他可以提供失效后果数据的方法 / 软件等执行。

③风险等级确定。

风险的直观表示为 5×5 矩阵图，在风险矩阵图上划分四个不同的风险区域（风险等级由低到高分别为Ⅰ区、Ⅱ区、Ⅲ区和Ⅳ区），如图 5-3-3 所示。

失效概率					
	Ⅲ	Ⅲ	Ⅲ	Ⅳ	Ⅳ
	Ⅱ	Ⅱ	Ⅲ	Ⅲ	Ⅳ
	Ⅰ	Ⅰ	Ⅱ	Ⅲ	Ⅳ
	Ⅰ	Ⅰ	Ⅱ	Ⅱ	Ⅲ
	Ⅰ	Ⅰ	Ⅱ	Ⅱ	Ⅲ
	A	B	C	D	E
	失效后果				

图 5-3-3　风险矩阵

按照设备的失效可能性和失效后果的计算结果，确定设备在风险矩阵图中的位置，从而可判断设备所处的风险等级。

对装置所有评价范围内的设备进行风险排序，识别出设备失效可能性和失效后果对设备风险的影响程度。

（6）风险消减措施的制订。

制订原则包括：

①处于低风险区的设备项，可以参照各油气田相关规定做好日常维护工作。

②处于中风险区的设备项，可以参照各油气田相关规定进行定期检修。

③处于中高风险区及高风险区的设备项需要重点管理。

制订内容包括：

①检验策略。

②检验范围。

在风险矩阵图中，处于中高风险区、高风险区的设备项。

③检验类型。

容器（包括压力容器和非压力容器）检验类型可选择停产内部检验、停产外部检验或在线检验。管道检验类型可有：停产外部检验、在线检验。

④其他消减风险措施。

采取其他消减风险措施取决于具体的环境，具体方法包括（不仅限于此）：设备维修和更换、设备改造、工艺改造、安装紧急隔断阀、工艺状态监控等。

（7）RBI 再评价。

RBI 是一个动态的工具，评价的结果需要不断地进行更新。

退化速率的变化、检验工作的实施、工艺条件的改变、设备的改造或更新、其他相关因素（如人口密度、实际天然气处理量等）的变化。

实施 RBI 再评价时间包括：装置大修前后、实施风险消减措施后、工艺条件改变后、设备发生变化后、其他相关因素（如人口密度、实际天然气处理量等）出现变化后。

2. 定性 RBI

定性 RBI 方法参照 SY/T 6714—2020《油气管道基于风险的检测方法》第 5 章"RBI 的定性方法"和 API pub 581《基于风险的检验基础源文件》，流程图如图 5-3-4 所示。

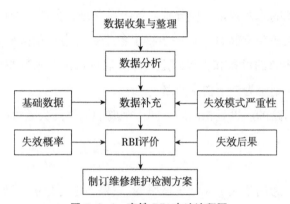

图 5-3-4　定性 RBI 方法流程图

（1）资料收集与整理。

①技术资料：

a. 容器、管道资料的收集（包括编号、类别、尺寸、材料）；

b. 设备单元平面图收集（标明设备和管道的位置）；

c. 设备和管道主要受压元件材质证明；

d. 竣工验收资料（无损检测、热处理、水压试验等）；

e. 设备设计制造文件（主要设备）。

②工艺资料：

a. 工艺流程图（PFD、PID）；

b. 介质成分分析报告。

③检验、维护、操作资料：

a. 压力容器检验报告；

b. 容器与工艺管道的维修、更换记录；

c. 操作运行记录；

d. 监测记录；

e. 评价设备清单；

f. 容器清单；

g. 工艺管道清单。

④工艺管道编号。

建立工艺管道清单需对其进行唯一性编号，以便于实施评价和后期的维修维护。

（2）物流回路与腐蚀回路划分。

根据所收集到的原始数据，应分别对各个设备进行分析。由设备的操作温度、操作压力、代表性流体等特征，进一步得出各个部件潜在的失效机理，将失效机理相同、且彼此相邻的设备和管线划定为一个腐蚀回路，通常将两个快速截断阀之间的设备和管线划定为一个物流回路。

同一个物流回路的后果是相同的，同一个腐蚀回路的失效可能性是相同的。

（3）风险计算。

①方法一。

依据风险评价通用公式（风险＝概率×后果）进行分析总结，采用失效可能性、后果的定性判断方法和指标以及风险矩阵结果表示方法。

定性失效可能性分析：按照失效机理分析，将场站容器与工艺管道的失效可能性分为减薄、外部损伤、应力腐蚀开裂、疲劳等4种，分别分析其发生失效的可能性。失效可能性等级分为无、低、中、高等4个等级，根据场站每个设备的实际情况作出专业判断，并考虑设备近期是否进行过检验、设备资料完整性、运行数据、运行年限、腐蚀速率、输送介质的复杂性等因素，对失效可能性等级进行修正。

定性失效后果分析：生产方面的影响指设备失效对生产造成的影响，评估如果设备失效，是否会导致生产装置停车等后果；经济方面的影响一般指设备失效造成的直接和间接损失，主要考虑停产损失，宜用恢复生产所需要的时间来度量；安全方面的影响应以人员与设备所在位置的接近程度来衡量；环境方面的影响应以周边环境与设备所在位置的接近程度来衡量；选取以上四种评估结果中最大值作为该设备的失效后果等级；依据输送介质对失效后果等级进行修正。

②方法二。

采用5×5风险矩阵将失效可能性和失效后果通过数据的组合，将容器和工艺管道的风险划分相应风险等级。

可能性分类：通过对影响大量泄放可能性的下述六个因子的评价进行赋值。对每个因子加权组合形成可能性因子。六个因子打分标准可参见标准 API 581 附录 A 或 GB/T 26610。

a. 设备数量［设备因子（EF）］：与装置中具有失效可能的设备数量相关。

b. 损伤机理［损伤因子（DF）］：与已知损伤机理相关的风险的一种度量，包括均匀腐蚀、疲劳开裂、低温暴露和高温退化程度。

c. 检验的有效性［检验因子（IF）］：是对当前检验程序的有效性，及其识别已知的或可能的装置损伤机理的能力的一种度量。它考虑检验类型、其全面性和检验程序的管理。

d. 当前设备的状态［状况因子（CCF）］：从维护和保养的角度描述设备的物理状态。根据外观检查对设备的外观状态和保养费用进行简单评价。

e. 工艺流程的性质［工艺因子（PF）］：是对引发容器内介质损失的非正常运行或扰动状态的潜在性的度量。它是停机或工艺中断（计划的或非计划的）次数、工艺稳定性和因堵塞或其他原因而造成保护装置失效的可能性的函数。

f. 设备设计［机械设计因子（MDF）］：是对装置采用的设计安全系数的度量，无论该装置是否是按当前标准设计的，如何独特、复杂或具有创新性。根据总体可能性因子来确定可能性分类。

后果分类：

定性分析确定火灾和 / 或爆炸危害大小的七个因子的组合推导得出以下几个方面的后果因子，具体打分标准可参见标准 API 581 附录 A 或 GB/T 26610。

a. 燃烧性质［化学因子（CF）］。

b. 可能的泄放量［量值因子（QF）］。

c. 闪蒸成蒸汽的能力［状态因子（SF）］。

d. 自燃的可能性［自燃因子（AF）］。

e. 高压运行的影响［压力因子（PRF）］。

f. 工程保障［安全可信因子（CRF）］。

g. 暴露程度对损伤的影响［损伤潜能因子（DPF）］。

组合上述后果因子，并根据这些组合因子的范围来选择类别，以确定健康后果分类。设定这些后果分类（健康和损伤）的分值，将具有最高分值的那个类别绘制在风险矩阵的水平轴上，形成装置的风险级别。

③风险计算把装置的损伤或健康后果分类中的最高类别等级和可能性等级级别填入 5×5 的风险矩阵内，划分响应的风险等级。

（4）风险缓解措施制订。

依据风险筛选评估结果制订风险缓解措施。一般应包括定期检验、年度检验、日常维护三个方面。

二、以可靠性为中心的维修（RCM）

以可靠性为中心的维护（RCM）主要用于制订基于可靠性、优化的、针对失效根本原因的动设备维护维修策略，进而降低因设备失效或设备可靠性降低而造成的风险。

RCM 执行包含如下各主要步骤，流程图如图 5-3-5 所示。

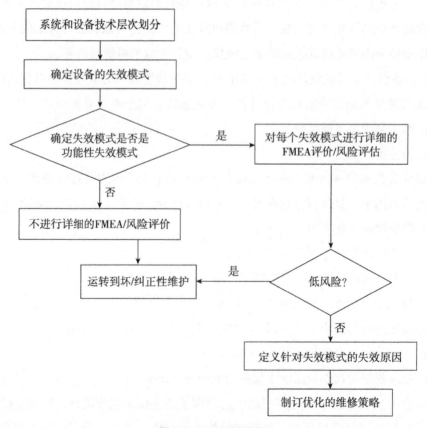

图 5-3-5 RCM 流程

1. 数据收集及整理

执行 RCM 评价所需的基本资料包括：

（1）装置概况及其生产能力。

（2）工艺描述。

（3）工艺流程图（PFD）。

（4）管道仪表流程图（PID）。

（5）原因和后果图。

（6）相关维护文件。

（7）主要设备历史失效与维修记录。

（8）设备的资料和图纸。

对收集的设备数据进行汇总整理和校对，录入《RCM 数据收集表格》，数据收集、整理完成后要对其正确性、一致性及完整性进行校核。

2. 系统划分和确定设备的技术层次

系统划分主要是对整个生产装置按照其功能或用途划分为不同的工艺系统，在不同的工艺系统中又可根据各系统的设备和仪表等组成以及功能特性再细分为子系统。在对装置进行系统划分后，确定在系统中所包含的设备，确定设备的功能以及相关的、所期望的功能要求，然后确定设备的失效模式及影响。

系统、设备的技术层次和功能的关系如图 5-3-6 所示。

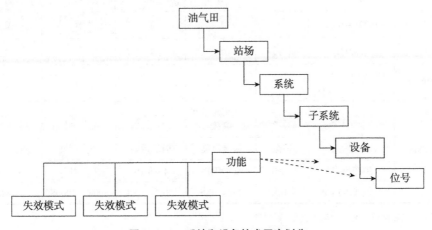

图 5-3-6 系统和设备技术层次划分

3. 失效模式影响评价及风险评价

（1）失效模式影响评价。

首先确定失效模式。失效影响的评价是在确定的失效模式的基础上，评价失效对设备局部以及对系统整体的影响。识别出哪种失效模式会造成功能性的失效，对功能性的失效则要进行失效模式影响评价及风险评价。失效影响要考虑到如果失效/故障发生对生产、安全、环境和后续成本的影响。

失效模式影响评价的结果作为风险评价的基础。

（2）风险等级。

油气田公司制定可接受风险准则，风险评价单位以此确定可接受风险，在对失效模式进行风险评价之前首先要确定可接受风险。

可采用 5×5 的风险矩阵作为风险等级的确定。风险等级的定义最少必须包含：失效可能性（POF）等级的分类，以及失效影响性（COF）的等级分类，COF 等级分类应能分别衡量出对安全、环境、经济和其他成本的影响高低。失效可能性和影响性等级的定义将会直接影响到风险等级的大小及分布，因此风险等级的定义必须通过讨论来确定。风险等级的确定可参考图 5-3-7。

POF		COF				
5	> 0.8	M	M	M	H	H
4	0.1 ~ 0.8	L	M	M	M	H
3	0.01 ~ 0.1	L	L	M	M	M
2	0.001 ~ 0.01	L	L	L	M	M
1	< 0.001	L	L	L	L	M
POF等级	POF（a）／COF	A	B	C	D	E
COF等级	安全后果	轻微	工人需短时间病休	工人重伤	一人死亡	多人死亡
	环境后果	轻微	轻度污染	局部污染	较大污染	重大污染
	生产损失	≤2HR	2 ~ 4HR	4 ~ 8HR	7 ~ 24HR	>24HR
	其他成本后果	<10K	10K ~ 100K	100K ~ 500K	500K ~ 1000K	>1000K

注：H，高风险；M，中风险；L，低风险。

图 5-3-7　风险等级定义基准

（3）风险评价。

对每一种功能失效的失效模式，进行风险评价，确定其风险大小。

风险定义为失效概率和失效后果的乘积，对每一种功能失效模式，确定其失效概率，并根据其失效影响确定失效后果。主要评估以下几个方面的风险：

①安全风险。

②环境风险。

③生产运行风险。

④后续成本风险。

设备的失效概率是建立在失效频率的基础上的，设备的失效频率是基于失效的平均时间间隔（MTBF）来计算的，必须综合考虑设备的冗余、影响设备可靠性的因素及其他不可确定性因素等的影响。如果设备有失效/故障历史的跟踪记录，则采用实际的失效频率，如果没有则参考其他同类净化厂或其他可靠度较高的信息。

在失效后果的计算中，安全及环境后果可参考 RBI 的评价结果，对于生产损失则可以依据影响生产的时间作计算，而后续成本中的维修成本则取决于现场实际成本大小。

（4）失效模式及后果分析（FMEA）讨论会。

FMEA 讨论会由设备、工艺、安全、仪表等相关技术人员参加，对失效模式、失效影响评价的结果，以及确定的风险可接受准则和风险评价结果进行确认。

4. 制订基于风险的维护（Risk Based Maintenance，RBM）策略

优化维护策略的制订主要依据风险评价的结果。对所有中风险及高风险的失效模式应确定其失效直接原因及根本原因，借助于维护策略来避免可能失效的发生，进而降低失效风险以提升设备运转的可靠性；对于低风险的失效模式则采取纠正性维护，避免过度维护以提高人员工作效率。

最优化维护策略至少包含：设备、设备名称、失效影响、失效模式、失效直接原因、根本原因、工作项、工作说明、维护任务分类、负责人、维护频率、人数、配合事项、POF、COF、风险等级、经济影响等参考内容。

维护任务的分类如图 5-3-8 所示。

定期维护：基于固定时间间隔、固定工作内容的计划性维护。例如对设备的定期保养，巡检及日常维护等在正常运转情况下进行的维护活动。

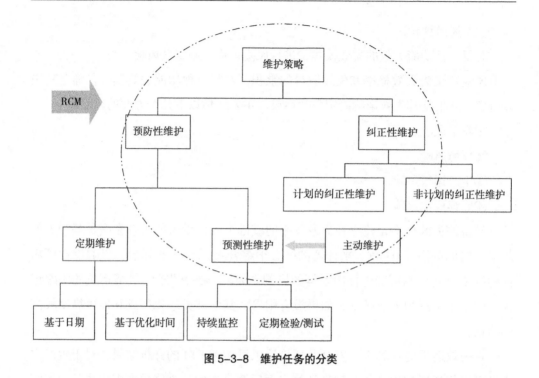

图 5-3-8　维护任务的分类

预测性维护：指使用技术手段来监控和测量设备的状态，通过对设备的状态参数进行评价来预测设备发生失效的可能时间，先期采取预防或修理措施避免失效的发生。

纠正性维护：即运转到坏，再进行维修及维护。

根据 RCM 评价的结果制订维护策略，同时对那些不能通过维护防止的失效提出设计更改和操作变更的建议以降低或避免潜在的风险。

三、安全完整性等级（SIL）

安全完整性等级（SIL），主要评估安全仪表等级，制订仪器仪表维护维修策略，适用于站场安全仪表系统中的设备，包括压力仪表、物位开关、温度仪表、可编程逻辑控制器（PLC）、远程测控终端（RTU）、执行器、截断阀门等。

SIL 分析从数据收集及整理开始，分析的执行过程中应安排阶段性讨论。通过SIL 分析，针对站场的安全仪表系统建立一套基于安全完整性等级（SIL）的测试方案。SIL 分析包含如下主要内容。

（1）SIL 等级的评估：根据标准要求，确定每一个安全仪表功能的 SIL 等级。

（2）SIL的校核以及测试计划的确定：针对现有安全仪表系统的配置，定量计算其PFD大小，验证是否现有的配置能够满足SIL等级的要求，并确定相应的测试计划。

SIL等级的评估流程如图5-3-9所示。

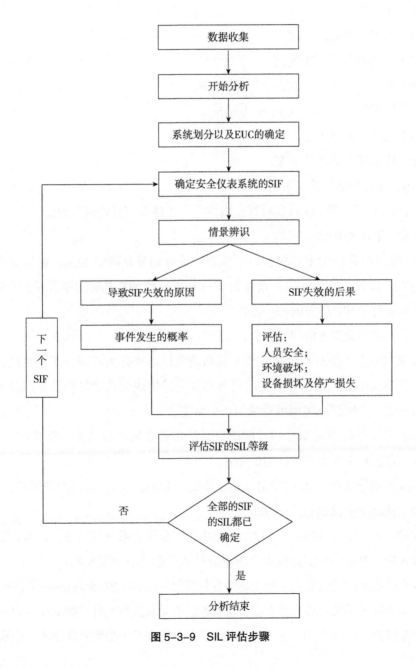

图 5-3-9　SIL 评估步骤

1. 数据收集及整理

执行 SIL 分析所需的基本资料包括：

（1）管道与仪表流程图（PID）。

（2）工艺流程图（PFD）。

（3）工艺说明。

（4）仪表索引表或台账。

（5）站场装置平面布置图。

（6）电气/电子/可编程电子系统清单。

（7）因果图（Cause and Effect Matrix）。

（8）失效分析报告。

（9）仪表现有的维护方案。

（10）仪表的操作维护手册。

数据收集、整理完成后要对其正确性、一致性及完整性进行校核。

2. SIL 等级的评估

SIL 等级的评估的主要包含以下步骤：系统划分及确定 EUC；确定安全仪表系统的安全仪表功能（SIF）；情景辨识—分析导致 SIF 失效的原因及 SIF 失效的后果；确定每个 SIF 所需的 SIL 等级。

（1）系统划分及 EUC 的确定。

系统划分主要是对整个装置按照其功能或用途划分为不同的工艺系统，在不同的工艺系统中又可根据各系统的设备和仪表等组成以及功能特性再细分为分系统，对火灾气体探测系统则可单独为一个系统。

站场装置进行系统划分后，应确定系统中各个安全仪表系统所保护的设备，即 EUC。相互的关系如图 5-3-10 所示。

系统的划分以及 EUC 的确定是基于装置的 PFD、PID，以及因果图等。

（2）确定安全仪表系统的 SIF。

在确定 EUC 后，对每一个 EUC，分析其安全仪表系统的设置，在确定安全仪表的设置后，对每一个安全仪表系统应分析其安全仪表功能 SIF。

安全仪表系统的设置是采用可靠性方块图（Reliability Block Diagram, RBD）方法，对每个安全仪表系统归类为触发器、逻辑控制单元和执行元件。如图 5-3-11 所示为用于安全仪表系统的 RBD。表 5-3-2 给出了安全仪表系统的配置状态的一个示例。

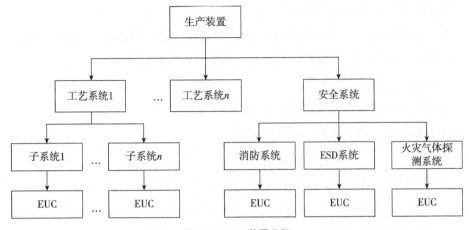

图 5-3-10　装置分级

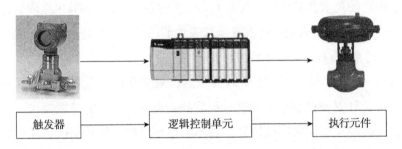

图 5-3-11　安全仪表系统的可靠性方块图

表 5-3-2　安全仪表系统的配置示例

序号	触发器	逻辑控制单元	执行元件
1	ESD 按钮		ESD/XV 阀门
2	压力、温度、液位变送器	可编程逻辑控制系统	断路器
3	可燃气体探测器、火焰探测器		SDV 阀

（3）情景辨识。

对于安全仪表功能来说，存在不同的原因使其动作，所造成的后果可能也都会是不同的，因此必须要对所有的原因以及其所造成的后果进行全面分析，即进行情景辨识，按照如下步骤进行分析：

①分析造成 SIF 动作的原因。

②分析此原因发生的频率。

③SIF 失效后造成的后果。

在评估了所有原因发生的频率以及造成的不同的后果后，通过 SIL 评估的方法（即修正风险图表法）确定安全仪表功能最终的 SIL 等级。

（4）SIF 失效的后果分析。

安全仪表系统的失效后造成的后果通常会从以下方面进行评估。

①安全后果：对人员造成伤亡的程度。

②环境后果：对环境造成破坏的程度。

③经济后果：设备损坏的损失及其造成停产损失的大小或等级。

在评估 SIL 等级时，应分别分析所有上述方面的后果。最终的 SIL 等级是选取 3 个后果中 SIL 等级最高的。

对于确定的要求具有 SIL 等级为 1、2、3 的独立 SIF，如其风险降低因子分别为 10、100、1000，则表明相应的安全仪表功能已经达到相应程度的安全完整性。

3. SIL 的校核以及测试计划的确定

在对每一个 SIF 确定了 SIL 等级要求后，对安全仪表系统的现有配置进行定量计算，以验证安全仪表系统的现有配置是否能达所需 SIL 等级要求，对满足要求的，进一步确定相应的测试计划，对不满足要求的，则提出改进建议，并根据改进建议来确定测试计划。

安全仪表系统作为保护人员以及安全生产不可或缺的一部分，在设置触发器、逻辑控制单元、执行元件时，会充分考虑到可靠性的需要，对一些元件采用冗余的设计方式，因此在确定了 SIF 以后，应判断触发器、逻辑控制单元以及执行元件各自的逻辑关系，安全仪表系统的要求时失效概率为其组成元件的要求时失效概率之和。

根据触发器、逻辑控制单元以及执行元件的不同配置组合，采用不同的可靠性计算方法，计算相应的 PFD。

针对触发器、逻辑控制单元以及执行元件的不同类型，选择相应的可靠性数据，数据来源可以取决于现场经验的积累，如无相应的数据，则可采用国际性经验数据库的数据。

对于每一个 SIF 都进行相应的 PFD 计算，根据 PFD 大小来验证其是否满足 SIL 等级要求，如果计算所得的 PFD 不大于所需的 SIL 等级要求的 PFD，那么说明按现有的配置状态满足 SIL 等级的要求，如果计算所得的 PFD 大于所需的 SIL

等级要求的 PFD，那么说明按现有的配置状态不满足 SIL 等级的要求，要对现有配置中的某一个元件或某几个元件的冗余配置进行改进，一般采用逐级增加冗余配置的方式改进，对于元件应采用廉价及易于改进的元件进行冗余配置的改进，对于改进后的安全仪表系统进行再次计算，直到计算所得的 PFD 不大于所需的 SIL 等级要求的 PFD 为止。

在验证完成后，即可确定每个元件所需的测试周期，建立相应的测试计划。

需要注意的是，有许多触发器和执行元件可能会属于多个安全仪表系统，而对应于每个安全仪表系统都会有其相应的测试周期。此种情况下，选择最小测试周期作为触发器和执行元件的测试周期。

四、危险与可操作性分析（HAZOP）

工艺危险与可操作性分析（HAZOP），主要用于找出站内工艺操作系统及生产过程中存在的主要危险并提出应采取的措施。适用于气田站场工艺设计中不同阶段的 HAZOP 审查活动。工艺设计包括：装置主体、公用工程或其他相关设施。HAZOP 分析分为常规分析和区域性 HAZOP 分析。

1. 常规方法

通常情况下，采用常规方法进行 HAZOP 分析。

（1）召开审查会议。

①由主持人主持会议，根据 PID 将工艺流程分成多个节点。

②针对节点，根据设计参数指导词，对操作上可能出现的与设计标准值发生偏离的情况提出问题，主持人引导小组成员寻找产生偏离的原因。

③如果该偏离导致危险发生，小组成员将对该危险做出简单的描述，评估安全措施是否充分，为设计和操作提出更为有效的安全保障措施。

④对每个节点分别采用不同的设计参数指导词进行研究，直到每段工艺或每台设备的各种工况都被全面审查后，HAZOP 审查工作才算完成。

⑤秘书记录讨论的全过程并整理出完整的文件。

⑥HAZOP 主持人应有能力控制会议的进程和讨论的方向，并有责任使每个小组成员充分提供所掌握的信息并自由发表意见和建议。

⑦生产工程师（熟悉基本设计、程序模拟和生产过程）、工艺工程师（熟悉工艺流程图及基本设计规范）、仪控工程师（具有仪控设备及控制系统选择经验）、

安全工程师（了解安全标准、法规、安全管理等）、检维修工程师及其他专业人员、现场人员等参加。

（2）执行 HZAOP 分析。

①确定分析范围。

HAZOP 分析小组明确所要分析的项目或装置的物理界区范围以及边界工艺条件。

②划分节点范围。

一般按工艺流程进行，主要考虑单元的目的与功能、单元的物料、合理的隔离/切断点、划分方法的一致性等因素。

连续工艺一般可将主要设备作为单独节点，也可以根据工艺介质性质的情况划分节点，工艺介质主要性质保持一致的，可作为一个节点。

节点范围一般由小组主持人在会前进行初步划分，具体分析时与分析小组成员讨论确定。

③描述节点的设计意图。

由熟悉该节点的设计人员或装置工艺技术人员对该节点的设计意图，包括对工艺和设备设计参数、物料危险性、控制过程、理想工况等进行详细说明，确保小组中的每一个成员都知道设计意图。

④确定偏差。

先以一个具体参数为基准，将所有的引导词与之相组合；也可以一个具体引导词为基准，将所有的参数与之相组合，逐一确定偏差进行分析。

在 HAZOP 分析过程中，偏差的选用由分析小组根据分析对象和目的确定。

⑤分析偏差导致的后果。

对选定的偏差分析讨论它可能引起的后果，包括对人员、财产和环境的影响。

讨论后果时不考虑任何已有的安全保护（如安全阀、联锁、报警、紧停按钮、放空等），以及相关的管理措施（如作业票制度、巡检等）情况下的最坏后果。

⑥分析偏差产生的原因。

对选定的偏差从工艺、设备、仪表、控制和操作等方面分析讨论其发生的所有原因，原则上应在本节点范围内列举原因。

⑦列出现有的安全保护。

在考虑现有的安全保护时，应从偏差原因的预防（如仪表和设备维护、静电接地等）、偏差的检测（如参数监测、报警、化验分析等）和后果的减轻（如联锁、安全阀、消防设施、应急预案等）三个方面进行识别。

⑧评估风险等级。

评估后果的严重程度和发生的可能性，根据企业的风险矩阵，确定风险等级和风险矩阵。

⑨提出建议措施。

分析小组根据确定的风险等级以及现有安全保护，决定是否提出建议措施，建议措施应得到整个小组成员的共同认可。

⑩分析记录。

分析记录是 HAZOP 分析的一个重要组成部分，也是后期编制分析报告的直接依据。小组记录员应将所有重要意见全部记录下来，并应当将记录内容及时与分析小组成员沟通，以避免遗漏和理解偏离。

⑪循环上述过程。

HAZOP 分析的循环流程如图 5-3-12 所示。

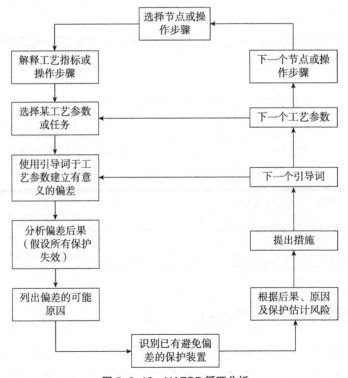

图 5-3-12 HAZOP 循环分析

2. 区域性 HAZOP 分析

在具备设备设施、工艺介质、工艺流程和外部环境均类似的区域可采用区域性 HAZOP 分析方法进行简化。其工作过程如下：

（1）典型站场分析和检查表制订。

选取区域里具代表性的典型站场开展 HAZOP 分析。在得出典型站场 HAZOP 分析报告的同时形成检查表。检查表模板见表 5-3-3。

表 5-3-3　区域性 HAZOP 分析检查表（模板）

单位：　　　区域名称：　　　站场名称：　　　分析人：　　　分析日期：

序号	检查对象	检查项	检查结果	建议措施	备注
1	井口	是否设有井安系统	无	建议增加井安系统	
2	出站管道	是否设有出站自动截断阀	无	建议增加出站自动截断阀	
3	计量分离器	是否设有液位低低联锁阀	有	无	
...	...	...	...	...	

（2）其他站场分析。

利用检查表对区域内一般站场进行检查得出改进建议。建议措施表模板见表 5-3-4。

表 5-3-4　区域性 HAZOP 分析建议措施表（模板）

单位：　　　区域名称：　　　分析人：　　　审核人：　　　分析日期：

序号	建议措施	涉及井站	数量	备注
1	井口增设井安系统	A站场、B站场、C站场	3	
2	出站管道增设自动截断阀	A站场	1	
3	计量分离器增设液位低低联锁阀	B站场、C站场	2	
...	...	...	...	

五、定量风险分析（QRA）

定量风险评价（QRA）是对危险进行识别、定量评价，并作出全面的、综合的分析。借助于定量风险评价所获得的数据和结论，并综合考虑经济、环境、可靠性和安全性等因素，制订适当的风险管理程序及措施，为设计、运行、安全管理及决策提供技术支持（图5-3-13）。

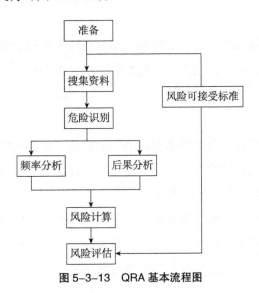

图 5-3-13 QRA 基本流程图

其关键步骤描述如下。

（1）定量风险评价准备。

成立定量风险评价小组、完成定量风险评价培训。

（2）资料收集。

收集定量风险评价所需的技术资料，包括工程设计资料（工艺介质参数、工艺流程图、平面布置图等）以及当地气象数据、当地人口信息等。

（3）危险辨识。

工厂中设备可能很多，但是不是每一个设备都需要进行定量风险计算。通常一个工厂中80%的风险是由20%的设备引起的，因此在定量风险评价中无需考虑所有的设备，只需考虑安全影响比较大、危险性比较高的设备。因此根据对本工程工艺流程分析，选取压力高、处理量大的设备进行定量风险计算。

危害辨识包括：对可能的危害因素和事故根源的广泛调查；以前的分析、安全检查和审核的经验；内部和外部相关的事故调查报告；识别并对重大危害因素进行分类（相对于非重大危害因素而言）以进行后果分析。

（4）失效概率。

失效概率分析是定量风险评价中非常重要的一步。主要是分析识别出的危险事件发生的概率。发生概率的量化可以依据历史统计数据，也可以采用理论模型（如：故障树分析、失效模式和后果分析）进行分析。

（5）失效后果。

后果模拟是定量风险评价中必需的一部分。后果模拟估算事故发生的后果影响范围。与后果相关的理论模型有：泄漏源模型、扩散模型、爆炸模型、热辐射模型等。

（6）风险计算。

对于被模拟的事件，得出概率和后果的估算值，将其相结合即可得到风险结果。根据风险的性质，风险可以通过各种方式进行表述。一般量化风险成果可以通过以下两种风险度量方式来表述。

①个人风险：个人风险是指在某一特定位置长期生活的未采取任何防护措施的人员遭受特定危害的概率，它反映的是危害的严重程度和个人受到危害影响的时间。暴露于危害中的人数多少并不显著影响个人风险。个人风险在地形图上以等值线的形式给出。

②社会风险：社会风险用于表示某项事故发生后，特定人群遭受伤害的概率和伤害之间的相互关系。个人风险主要表示特定地点个人的伤亡概率，而社会风险主要描述区域内许多人遭受灾害事故的伤亡状态，前者与人口分布无关而与后者有关。

社会风险可以有几种方式来进行表述，一般情况下，陆上装置采用 F—N 曲线和潜在损失生命（PLL）来表示。

F—N 曲线是用来明确表示累计频率（F）和死亡人数（N）之间关系的曲线图。由于频率和死亡人数的数值跨越好几个数量级，所以经常使用对数坐标图。社会死亡风险描述的是可能受到灾难性事件影响的死亡人数。

PLL 表示由于意外事故而导致的潜在生命损失。基于 PLL 贡献值的风险排序可以为确定最大的风险致因因素提供帮助。

（7）风险可接受标准。

风险接受准则表示了在规定时间内或某一行为阶段可接受的总体风险等级，它为风险分析以及制订减小风险的措施提供了参考依据，因此在进行风险评价之前应预先给出。此外，风险接受准则应尽可能地反映安全目标的特点。风险接受准则必须包括以下几点：

①风险可接受准则的制订应满足工程中的安全性要求。

②公认的行为标准。

③从自身活动和相关事故中得到的经验。

事故概率的确定普遍采用同类设备的历史统计数据，经数据来源及可靠性分析后，应用相关理论模型进行装置事故发生概率计算，然后结合项目实际情况进行修正采用。通过风险辨识，选择风险较大的单元中某一事故情境（如设备的灾难性破裂、泄漏或连接管线失效、连续泄漏和瞬时泄漏等），分析其区域单元或有代表性装置的设备数目，如法兰，阀门、管道等，统计工艺系统潜在泄漏设备的数量，输入相关的工艺设备参数，并根据设备尺寸、压力、泄漏介质密度、泄漏设备的泄漏速率和失效模式计算工艺系统相应泄漏频率，进行事故频率计算。

第四节　站场效能评价

站场效能评价流程如图 5-4-1 所示。

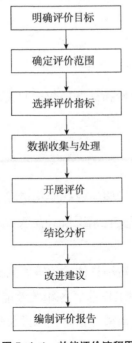

图 5-4-1　效能评价流程图

一、明确评价目标

根据站场完整性管理实际需要，明确综合效能评价所要达到的目标。

二、确定评价范围

选定开展效能评价的企业或管理单元，确定评价范围。

三、选择评价指标

根据站场完整性管理关注重点及效能评价目标，选择效能评价指标。效能评价指标根据站场完整性管理工作中的危害因素进行确定。站场危害因素宜根据工艺、介质、运行参数等确定，包括但不限于以下三种：

（1）静设备危害因素包括内腐蚀、外腐蚀、应力腐蚀开裂、脆化、高温氢损伤、疲劳、蠕变、衬里失效等。

（2）动设备危害因素包括设备损坏、输出不稳、结构缺陷、误动作、堵塞/阻塞、介质外泄、不能按要求打开、不能按要求关闭、仪表读数异常等。

（3）安全仪表系统危害因素包括逻辑中断、电压不稳、执行器不能按要求动作、传感器信号失效等。

四、数据收集与处理

应针对评价单元的效能评价指标开展数据收集调研，计算各评价指标值，并保存相关问题记录及文档资料。

五、开展评价

站场效能评价应分析设备设施失效率变化情况、更新改造维护费用变化情况及发展趋势。设备设施失效率变化情况统计见表5-4-1，更新改造维护费用变化情况统计见表5-4-2。

进行效能评价时，可根据站场具体的危害因素分项进行效能评价。通过对比分析开展实施各项完整性管理工作前后各相关效能评价指标历年数据变化情况，得到其对于各种危害因素风险消减、预防控制效果情况，发现可提升空间。站场可根据设备实际特点建立分项评价指标。

表 5-4-1 站场设备设施失效率变化情况统计表

设备类型	设备数量（台）		失效次数（次/a）		失效率［次/（台·a）］	
	本周期实施前	本周期完成后	本周期实施前	本周期完成后	本周期实施前	本周期完成后
静设备						
动设备						
安全仪表系统						

表 5-4-2 站场更新改造维护费用变化情况统计表

设备类型	费用类型	设备数量（台）		失效次数（次/a）		失效率［次/（台·a）］	
		本周期实施前	本周期完成后	本周期实施前	本周期完成后	本周期实施前	本周期完成后
静设备	更新改造费用						
	维护费用						
动设备	更新改造费用						
	维护费用						
安全仪表系统	更新改造费用						
	维护费用						

六、结论分析

应根据各项工作的效能评价结果及问题记录，给出效能评价分析结论。结论分析包括但不限于如下内容：

（1）分析失效率、单因素失效率、费用投入及变化。

（2）综合分析费用投入与失效率，比较费用投入对失效率变化的影响。

七、改进建议

针对效能评价分析结果及评价过程中发现的问题，提出改进建议，纳入下一周期的完整性管理方案。

八、效能评价报告

站场完整性管理效能评价报告应包括但不限于如下内容：项目概述；评价方法简介；数据收集及处理；分析评价；结论和建议。

第六章　完整性管理体系

第一节　国内外完整性管理体系进展

一、长输管道完整性管理体系进展

长输管道完整性管理体系是管道完整性管理的重要内容。管道完整性管理与技术起源于 20 世纪 70 年代，美国首先开始借鉴经济学和其他工业领域中的风险分析技术来评价油气管道的风险，以期最大限度减少油气管道的事故发生率和尽可能延长重要干线管道的使用寿命，合理分配有限的管道维护费用。目前欧美等发达国家普遍实施开展，有些国家政府有强制法规，如 2002 年美国联邦政府颁布的《管道安全促进法》，配套法规有 CFR DOT 49 部 192、CFR DOT 49 部 195，配套标准有 API RP 1160、ASME B31.8S。在管道完整性管理取得良好效果的公司有加拿大 TransCanada 公司、加拿大 Enbrige 公司、美国 Williams Gas 公司，其根据自身管道特点大致分两种完整性管理模式，一是总体推进，构建统一的完整性管理程序，制订完整性管理计划，按照程序规定的步骤实施，Enbridge 公司具有代表性；二是专项突破，根据完整性管理需求，首先实现风险和缺陷控制，然后根据进展逐步建立统一的体系，Williams Gas 公司具有代表性。

我国经过几十年应用发展，也逐步建立起管道安全评价与完整性管理体系及有效的评价方法。通过参考 API RP 1160《危险液体管道的完整性管理》及 ASME B31.8S《输气管道系统的完整性管理》，逐步形成了符合国情的管道完整性管理体系。建立了完善的管道完整性管理的标准体系、管理体系、技术体系；总结了管道完整性管理六步循环法，整体包括数据采集、高后果区识别、风险评价、完整性评价、减缓与维修、效能评价；提出了管道完整性数据、检测、评估等技术的关键环节，以及地理信息系统、企业资产管理系统与构架。

2001 年，陕京天然气管道将管道完整性管理程序文件、作业文件纳入 HSE

（健康安全环境管理）体系中；2002—2003 年联合英国 Advantica 公司完成中国石油管道局检测公司（原中国石油管道技术公司）油管道检测器适用于天然气管道改造，率先实现陕京一线 1000km 高压大口径天然气管道的内检测。2009 年，中国石油管道公司编制《完整性管理规范》，并于 2015 年牵头制定国家标准 GB 32167—2015《油气输送管道完整性管理规范》，标志着我国管道完整性管理进入一个新阶段。

长输管道完整性管理国家标准包括 1 项引领完整性管理领域的核心标准 GB 32167—2015《油气输送管道完整性管理规范》，以及配套国家标准 10 项，GB/T 37369—2019《埋地钢质管道穿跨越段检验与评价》、GB/T 37368—2019《埋地钢质管道检验导则》、GB/T 27512—2011《埋地钢质管道风险评估方法》、GB/T 36701—2018《埋地钢质管道管体缺陷修复指南》、GB/T 36676—2018《埋地钢质管道应力腐蚀开裂（SCC）外检测方法》、GB/T 21246—2020《埋地钢质管道阴极保护参数测量方法》、GB/T 19285—2014《埋地钢质管道腐蚀防护工程检验》、GB/T 21448—2017《埋地钢质管道阴极保护技术规范》、GB/T 37327—2019《常压储罐完整性管理》、GB/T 25529—2010《地理信息分类与编码规则》。

历史上构建的管道完整性管理行业标准基本覆盖油气储运工业各个领域：综合类标准 SY/T 6975—2014《管道系统完整性管理实施指南》等 21 项；数据采集与平台方面以 SY/T 6183—2012《石油行业数据字典：管道分册》为主导共 13 项标准；高后果区管理方面以 SY/T 7380—2017《输气管道高后果区完整性管理规范》为主导共 6 项标准；风险评价方面以 SY/T 6891.1—2012《油气管道风险评价方法 第 1 部分：半定量评价法》为主导共 13 项标准；检测评价方面以 SY/T 6597—2018《钢质管道内检测技术规范》为主导共 22 项标准；风险消减或修复方面以 SY/T 6713—2008《管道公共警示程序》为主导共 26 项标准；效能评价方面尚未制定行业标准，但中国石油制定了企业标准 Q/SY 1180.4—2009《管道完整性管理规范 第 4 部分：管道完整性评价导则》；随着完整性管理向建设期前移，2009 年以来发布了多项企业标准，如 Q/SY JS0116—2012《建设期管道完整性管理失效控制导则》、Q/SY 1180.5—2009《管道完整性管理规划 第 5 部分 建设期管道完整性管理导则》等，标志着完整性管理领域向全生命周期覆盖。

大量实践证明，管道安全预测、检测、预防、分析、诊断等方法与技术，对降低事故发生频率具有重要作用。近年来，通过开展完整性管理，中国油气管道平均事故率统计数据由 0.4 次 /（10^3km·a）降至 0.25 次 /（10^3km·a），西气东输、陕京管道系统事故率则低于 0.1 次 /（10^3km·a）。

二、集输管道及站场完整性管理体系进展

中国石油勘探与生产分公司面对地面生产系统逐年老化、安全风险日益增多的严峻形势，将地面生产设施完整性管理作为确保上游业务本质安全，变"事后被动抢险维修"为"基于检测评价的主动维护"的最佳手段，也是行业内第一家提出并在上游业务地面生产设施全面开展完整性管理的企业。分别于 2014 年和 2016 年在西南和长庆召开了关于油气田管道和站场管理的现场会，确立了以试点工程为载体，以点带面的完整性管理推进模式。按照先局部试点，再逐步推广的方式，逐步建立上游板块完整性管理的技术体系和标准体系，完善管理体系。

完整性管理试点工程在 2015 年正式启动，完成了在中国石油上游板块实施完整性管理的技术探索、制度建设、标准制定等工作。完整性管理理念深入人心，逐步融入日常生产管理之中，极大地推动了管道和站场管理的科学化、规范化与精细化。提出并建立了适应油气田管道特点的完整性管理"五项原则"：合理可行原则、分类分级原则、风险优先原则、区域管理原则和有序开展原则。制订了管道和站场完整性管理"五步工作流程"：数据采集、高后果区识别和风险评价（站场为风险评价）、检测评价、维修维护、效能评价。

组织规划总院、大庆油田、西南油气田等单位编制完成了"一规三则"（完整性管理规定和油田管道、气田管道、站场的三个检测评价与修复技术导则），发布了"股份公司油田管道完整性管理手册""股份公司气田管道完整性管理手册""股份公司油田站场完整性管理手册""股份公司气田站场完整性管理手册"，建立了较为完善的油气田集输管道和站场的完整性管理实施规范。

同时，中国石油制定了油气田完整性管理的系列标准《油气集输管道和厂站完整性管理规范》，其中总则、管道高后果区识别和风险评价、管道检测评价、效能评价与审核等四部分已经正式发布实施，管道数据管理和管道维修已经审查通过等待发布实施。通过建立系列标准，进一步规范了油气田完整性管理实施的要求。

第二节 管道及站场完整性管理体系的建立

完整性管理要素是管道完整性管理体系的重要组成部分，体系的重要内容在于运行、实施，因此，需要考虑油气田的组织结构特点，编制行之有效、操作性强的管理文件。

一、完整性管理体系要素

按照完整性管理的功能划分，完整性管理体系要素如图 6-2-1 所示。

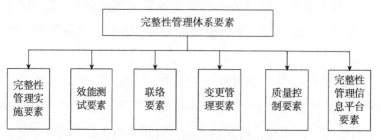

图 6-2-1　完整性管理体系要素图

完整性管理要素的具体组成见表 6-2-1。

表 6-2-1　完整性管理要素组成

序号	完整性管理要素	内容
1	完整性管理实施方案	数据收集和整合、高后果区识别、风险评价、基线评估、检测评价、风险减缓措施（包括管道修复、管道高风险地区的消减）、风险再评价等，以及各项投入
2	效能测试	管道泄漏事件、管道失效事件数、机械损伤数、制造缺陷数、人员伤亡数、地质灾害引起的事件数、第三方破坏率、河流洪水引起的事件数、完整性管理实施前后效果分析、完整性管理审核情况、完整性管理审核机构及人员配置、完整性管理内审员配置
3	内外部联络	公众警示程序建立、外部联络、内部联络、内部和外部沟通要求、变更过程性质分析、变更审查程序
4	变更管理	记录保存格式、维护记录的方法和计划、变更处理办法和程序、变更过程性质分析、变更审查程序
5	质量控制	领导的承诺、组织机构设置、完整性管理计划制订、程序文件编制要求、作业文件编制要求、完整性管理标准采标、培训设施和要求、培训计划和资料
6	完整性管理信息平台	地理信息平台的建设、地理信息平台的使用、地理信息平台的功能、企业资产管理的数据资料完备性等

二、管道完整性管理技术体系

管道完整性管理的技术体系主要由数据分析整合技术、高后果区识别和风险评价技术、管道检测评价技术、管道监测技术、管道修复技术等五个技术方面组成，如图6-2-2所示。

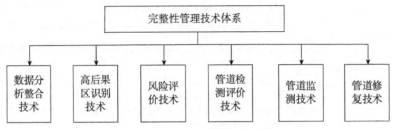

图6-2-2 管道完整性管理技术体系

1. 数据分析整合技术

数据分析整合技术主要包含数据收集、数据分析整理以及数据整合。

（1）数据收集。

需要收集数据范围包括：管道周边环境数据、管道设计数据、管道施工类数据、管道采办类数据、运营期完整性管理数据、非结构化数据、三维模型。具体内容见表6-2-2。

表6-2-2 数据收集范围表

序号	数据类别	数据名称	主要内容	备注
1	管道周边环境数据	基础地理信息数据	包括管道中线两侧各200m范围内的测量控制点、建（构）筑物、公路、铁路、水系、面状水体、植被、等高线、行政区划，中线两侧各100m范围内的第三方设施，包括第三方管线、电力线缆、通信线缆等信息	
		管道周边地形数据	管道周边地形数据包括数字正射影像图和数字高程模型	
2	管道设计数据	专项评价数据	主要包括环境影响评价、地震安全评价、地质灾害危险性评估、压覆矿产资源评估、文物调查评估、防洪评估、占用林地信息等	
		施工图设计	管道走向图、中线成果表；线路图纸资料，如线路段、管线等；穿跨越图纸资料，如开挖穿越、定向钻穿越、山岭隧道穿越等；防腐、保温和阴极保护图纸资料，如线路段、阀室等；伴行道路文件图纸资料，包括伴行道路资料图纸、道路地理位置图、伴行道路说明书等	

续表

序号	数据类别	数据名称	主要内容	备注
3	管道施工类数据	焊接及检测台班数据	焊口、返修口、防腐补口、短节预制、冷弯管预制、焊口检测	
		线路施工数据	管道试压记录、管沟开挖施工验收记录、管道里程、转角、测试、标志桩埋设记录、埋地管道防腐层地面检漏记录、防腐补口剥离强度试验记录表、防腐绝缘层电火花检测记录、牺牲阳极埋设记录、牺牲阳极电参数测试记录、阴极保护工程施工记录、强制电流阴极保护电参数测试记录等线路部分施工记录	
4	管道采办类数据	工艺数据	工艺数据包括了工艺专业所涉及的设备、阀门等管道工程实体	
		腐蚀与防护数据	包括线路部分、穿跨越部分，包括了防腐、保温、补口等实体	
		自动控制数据	包括了自动控制专业所涉及的系统、设备管道工程实体	
		通信数据	包括了通信专业所涉及的线路通信设施实体	
		供配电数据	包括了供配电专业所涉及的系统、设备等管道工程实体	
		机械数据	包括了机械专业所涉及的管道工程设备实体	
		给排水数据	包括了给排水专业所涉及的管道工程设备实体	
		消防数据	包括了消防专业所涉及的设备、阀门等管道工程实体	
5	运营期完整性管理数据	管道运行数据	主要包含管道运行日数据、清管收发球数据	
		检测评价数据	主要包括内检测、内腐蚀直接评价、外腐蚀直接评价、缺陷评价、焊缝无损检测、压力试验、土壤腐蚀性检测等	
		阴极保护数据	主要包括阴极保护基础设施、测试信息	
		维修维护数据	主要包括绝缘层修复数据、本体缺陷修复数据、换管等	
		风险管理数据	主要包括高后果区信息、风险评价信息、地质灾害风险识别数据	
		巡线管理数据	主要包括第三方施工、管道浮露管、周边建筑物信息	
		效能管理数据	主要包括完整性管理方案、失效数据、效能评价等	
6	非结构化数据		主要指管道项目建设期产生的竣工图纸、技术报告、说明书、报表，采办主材、设备合同、施工监理记录等及其他资料	
7	三维模型		指管道线路本体及附属设施，以竣工测量数据为基础，结合补充测量采集的数据，经过校验数据整合后能反映管道本体及附属设施现状的数据，形成相关三维模型	

（2）数据分析整理。

通过数据现状分析，明确管道及站场（阀室）实物的实际情况：如现有数据种类、储存介质、空间数据测量时间、坐标系统、测量精度等元数据管道巡护、改线、大修、抢修等资料记录。同时通过数据现状调查过程增进管道运行管理人员对管道情况的掌握。

数据完整性分析以统一数据标准的数据范围为基础，梳理数据现状，同时可对照已有信息系统现有数据种类和覆盖范围，明确现有数据中缺失需要补充的数据种类或特定范围的数据。应根据管道设备设施等的实际数量和分布现状，检查数据是否完整充分地反映了管道设计、采办、施工、运行各阶段的实际情况，对现有数据种类及数量进行了初步统计，数据缺失严重的宜进行数据恢复。

（3）数据整合。

数据整合是利用信息技术、结合测量、三维、GIS 等手段，将阀门、焊缝、固定地面标识等特征点按照统一参照基准进行对齐的过程。

通过建立内检测结果焊缝编号与建设期焊缝编号建立一一对应的关系，使管道建设期管道本体所有属性与运营期检测结果及管道周边环境之间建立关联关系。

通过施工测量的焊缝坐标及加密测量坐标，计算出内检测所有特征点的坐标。通过空间坐标建立管道本体所有属性与运营期检测结果及周边环境之间的关联关系。

将运营期相关高后果区、风险评价等数据叠加到已对齐的管道上。同时可以利用 GIS 手段，将所有数据及图像展示在信息平台上。

2. 高后果区识别技术

高后果区识别技术，可以综合考虑管道周边安全、环境及生产影响等因素，达到明确管理重点的目的。

（1）常规高后果区识别技术。

管道经过区域符合如下任何一条的区域为高后果区：

①管道经过的三级、四级地区。

②管径大于 762mm 且最大允许操作压力大于 6.9MPa 或管径小于 273mm 且最大允许操作压力小于 1.6MPa，其天然气管道潜在影响半径内有特定场所的区域。

③其他管道两侧各 200m 内有特定场所的区域。

④除三级、四级地区外，管道两侧各 200m 内有加油站、油库、第三方油气站场等易燃易爆场所。

⑤对于同沟敷设的天然气管道，分别计算沟内所有管道的潜在影响半径，较大者范围内有特定场所的区域即为高后果区。

（2）高含硫管道高后果区识别技术。

硫化氢含量不小于5%（体积分数）的气田管道高后果区识别，除运用常规识别技术外，管道经过区域符合如下任何一条的区域也列为高后果区：

①硫化氢在空气中浓度达到100ppm（144mg/L）时暴露半径范围内有50及其以上人员居住的区域。

②硫化氢在空气中浓度达到500ppm（720mg/L）时暴露半径内有10及其以上人员居住的区域。

③硫化氢在空气中浓度达到500ppm（720mg/L）时暴露半径内有高速公路、国道、省道、铁路以及航道等的区域。

对于同沟敷设的天然气集输管道，分别计算沟内所有管道硫化氢中毒暴露半径，根据硫化氢中毒暴露半径较大者进行识别。

（3）高后果区区域识别技术。

①管网单元划分。

同一开发区块管网单元划分原则如下：

a. 建设年代、介质类型、管材等管道本身因素相似的管网，可以总体上作为一个单元进行高后果区识别。

b. 根据生产管理按特定区域或特定场所划分管网单元。

c. 识别为同一个单元的管网，以平滑曲线连接其边界，并将边界线以平行趋势向外延伸200m，以延伸后的边界线包含的区域作为一个识别单元。

②数据统计。

统计采气管网单元内存在的以下情况：

a. 特定场所。

b. 加油站、油库、第三方油气站场等易燃易爆场所。

c. 三级、四级地区。

③高后果区识别。

对管网单元内的特定场所、易燃易爆场所、人口密集区，统计距离管道最近一栋建筑物外边缘200m范围内包含的管道或管段，该200m范围内包含的管道或管段即视为高后果区管道或管段。

3. 风险评价技术

管道风险评价技术是最近 30 多年发展起来的管道安全评价技术，是指应用各种风险分析技术，综合度量风险对项目实现既定目标的影响程度，考虑所有风险综合起来的整体风险以及项目对风险的承受能力。简单来说，管道风险评价是指识别对管道安全运行不利影响的危害因素，评价事故发生的可能性和后果大小，综合得到管道风险大小，并提出相应风险控制措施的分析过程。

管道风险评价的目的是综合管道上各种失效风险发生的概率，对可能的风险进行评价，根据得到的风险值，综合考虑各种风险的后果，取得经济投入与可能的失效后果的损失之间的平衡，作出存在的风险是否可以接受，为投入的控制和缓解风险方案的决策提供依据。管道风险评价的目的，概括起来可归为：识别出对管道系统完整性影响最大的风险因素，以便管道公司能针对这种风险进行排序、制订有效的预防、检测和减缓方案。

气田管道风险评价方法包括定性评价法、半定量评价法和定量评价法三种。其中定性和半定量法相对定量法更粗略。

4. 管道检测评价技术

国际管道研究委员会（PRCI）对输气管道事故数据进行了分析并划分成 22 个根本原因。22 个原因中每一个都代表影响管道的一种危险，应对其进行管理。事故原因中，有一种原因是"未知的"，就是说，是找不到根源的原因。对其余 21 种，已按其性质和发展特点，划分为 9 种相关事故类型。

针对不同的管道失效模式，应采取针对性的检测方法。如对于材料的失效和制造、施工过程产生的缺陷，可以采用压力试验方法发现；对于外腐蚀缺陷以及部分第三方破坏，可以采用外腐蚀检测评价、内检测进行确定。输气管道 21 种事故原因分类及检测与评价方法见表 6-2-3。

表 6-2-3 管道事故原因分类

分类	相关事故类型	事故原因	检测和评价方法
与时间有关的危害	外腐蚀	外腐蚀	外腐蚀直接检测评价 内检测
	内腐蚀	内腐蚀	内腐蚀直接评价 内腐蚀
	应力腐蚀开裂	应力腐蚀开裂	应力腐蚀开裂直接评价 内检测

续表

分类	相关事故类型	事故原因	检测和评价方法
稳定因素	与制管有关的缺陷	管体缺陷	内检测
	与焊接/制造有关的缺陷	管体环焊缝缺陷等	内检测 弱磁检测
	设备因素	"O"形垫片损坏等	—
与时间无关的危害	第三方/机械损坏	第三方造成的损坏	外腐蚀直接检测评价 内检测
	误操作	操作程序不正确	—
	与天气有关的因素和外力因素	天气过冷	—
		暴雨或洪水	穿越专项检测
		土体移动	目视检测 内检测

采用管道检测、评价技术能够很好地摸清管道的在用状况，只需要相对少的投入，有计划、有针对性地维护修理，就可以延长这些在役管道的使用寿命，避免或减少管道事故发生，科学预测未来的运行状况，指导业主经济、可靠地维护管道。

5. 管道监测技术

（1）内腐蚀监测方法。

包括目视检查法、超声波测厚法、电阻探针法、失重腐蚀挂片法、化学分析法、渗氢法等。

（2）外腐蚀监测方法。

外腐蚀监测通常选取阴极保护测试桩进行监测，重点针对存在阴极保护异常管段、外防腐层质量较差管段、杂散电流干扰管段等。

6. 管道修复技术

（1）防腐层修复技术。

通过管道检测发现的防腐层破损漏电点，应首先进行缺陷分级，并结合管道高后果区和风险评价结果，优先修复高后果区管段和高风险管段的防腐层缺陷。

防腐层修复响应时间：当保温层出现损坏脱落等情况需要立即修复保温层，其余情况参照防腐层修复响应时间要求开展。防腐层按缺陷的轻重缓急可将维修响应分为 3 类：①立即响应；②计划响应（在某时期内完成修复）；③进行监测。

（2）本体缺陷修复。

不同的气田管道本体缺陷需要选择不同的修复方式。一般情况下的管道修复均应按永久修复进行，只有在抢修情况下才可进行临时修复，并在一定年限内进行永久性修复。针对不同的缺陷，应采取不同的修复方法。

①管道本体缺陷修复响应时间。

管道本体缺陷包括腐蚀、制造缺陷、焊缝缺陷、凹陷、凹坑、泄漏等，在管道修复方案中应明确需要维修的管段位置，存在的缺陷类型，缺陷的严重程度，拟采取的修复方法，施工措施等。一般情况下的管道修复均应按永久修复进行，只有在抢修情况下才可进行临时修复，并在一定年限内进行永久性修复。管道本体缺陷的响应时间根据缺陷评价结果进行确定。

②修复技术。

不同的气田管道本体缺陷需要选择不同的修复方式。根据本体缺陷类型和尺寸修复技术包括：打磨、A 型套筒、B 型套筒、环氧钢套筒、复合材料、机械夹具（临时修复）及换管。对于管体打孔盗气泄漏，也可采用管帽或补板修复。

三、站场完整性管理技术体系

站场完整性管理体系文件是站场完整性管理的基础，覆盖场站的主要设备设施，一般会首先分析站场管理的特点，然后从风险的识别开始，按照设备设施、人员误操作、工艺管线的风险进行识别，再通过场站风险管理的技术方法，如 RBI、RCM、SIL 等技术进行风险分级和排序，确定设备设施、管线的维护周期和时间。通过维护周期和时间的确定，进行风险预防和控制，实施场站设备设施的检测、完整性评估，基于此开展场站设施的维护维修，整个过程中，建立场站基础数据库，使数据与管理的各个环节紧密结合。最后，通过效能评价，持续改进站场完整性管理。

第三节　油气田管道及站场完整性管理体系文件

中国石油勘探与生产分公司建立了较为完善的油气田管道及站场完整性管理体系文件，其架构如图 6-3-1 所示。

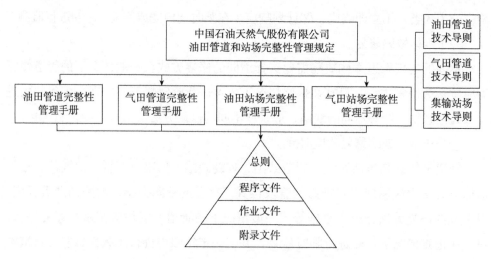

图 6-3-1　中国石油天然气股份有限公司油气田管道和站场完整性管理体系文件架构

一、油田管道完整性管理体系文件

1. 完整性管理的总体目标

保障油田管道本质安全，控制运行风险，延长使用寿命，提高管理水平，助力上游业务提质、降本、增效和高质量发展。

2. 完整性管理的工作原则

（1）合理可行原则。科学制定风险可接受准则，采取经济有效的风险减缓措施，将风险控制在可接受范围内。

（2）分类分级原则。对管道和站场实行管理分类，风险分级，针对不同类别的管道和站场采取差异化的策略。

（3）区域管理原则。突出以区域为单元开展高后果区识别、风险评价和检测评价等工作。

（4）有序开展原则。按照先重点、后一般，先试点、再推广的顺序开展完整性管理工作。

《中国石油天然气股份有限公司油田管道完整性管理手册》，是股份公司油田管道实施完整性管理的执行文件，说明油田管道完整性各个要素的工作流程和具体做法，包括总则 1 个、程序文件 9 个、作业文件 35 个、附录文件 2 个（表6-3-1）。

表 6-3-1　油田管道完整性管理程序文件和作业文件

程序文件	序号	作业文件
KT/OIM/CX-01《油田管道完整性管理方案制定程序》	1	KT/OIM/ZY-0101《油田管道完整性管理一线一案编制作业规程》
	2	KT/OIM/ZY-0102《油田管道完整性管理一区一案编制作业规程》
KT/OIM/CX-02《油田管道建设期完整性管理程序》	3	KT/OIM/ZY-0201《油田管道建设期完整性管理章节编制作业规程》
	4	KT/OIM/ZY-0202《油田管道建设期数据采集作业规程》
	5	KT/OIM/ZY-0203《建设期油田管道基线检测作业规程》
KT/OIM/CX-03《油田管道运行期数据采集程序》	6	KT/OIM/ZY-0301《油田管道运行期数据采集作业规程》
	7	KT/OIM/ZY-0302《油田管道测绘作业规程》
KT/OIM/CX-04《油田管道高后果区识别和风险评价程序》	8	KT/OIM/ZY-0401《油田管道高后果区识别作业规程》
	9	KT/OIM/ZY-0402《油田管道定性风险评价作业规程》
	10	KT/OIM/ZY-0403《油田管道半定量风险评价作业规程》
	11	KT/OIM/ZY-0404《油田管道地质灾害敏感点识别与风险评价作业规程》
	12	KT/OIM/ZY-0405《油田管道风险控制与响应作业规程》
KT/OIM/CX-05《油田管道检测评价程序》	13	KT/OIM/ZY-0501《油田管道内检测作业规程》
	14	KT/OIM/ZY-0502《油田管道外腐蚀直接评价作业规程》
	15	KT/OIM/ZY-0503《净化油管道内腐蚀直接评价作业规程》
	16	KT/OIM/ZY-0504《油田集输管道内腐蚀直接评价作业规程》
	17	KT/OIM/ZY-0505《油田集输管道压力试验作业规程》
	18	KT/OIM/ZY-0506《油田管道穿跨越专项检测作业规程》
	19	KT/OIM/ZY-0507《油田管道阴极保护系统有效性检测作业规程》
	20	KT/OIM/ZY-0508《油田管道杂散电流测试作业规程》
	21	KT/OIM/ZY-0509《油田管道外防腐层检测作业规程》
	22	KT/OIM/ZY-0510《油田管道腐蚀监测作业规程》
	23	KT/OIM/ZY-0511《油田管道缺陷剩余强度评价作业规程》
	24	KT/OIM/ZY-0512《油田管道缺陷剩余寿命预测作业规程》
KT/OIM/CX-06《油田管道维修维护程序》	25	KT/OIM/ZY-0601《油田管道线路巡检作业规程》
	26	KT/OIM/ZY-0602《油田管道线路日常维护作业规程》
	27	KT/OIM/ZY-0603《油田管道防腐（保温）层缺陷修复作业规程》
	28	KT/OIM/ZY-0604《油田管道本体缺陷修复作业规程》
	29	KT/OIM/ZY-0605《油田管道内腐蚀防护作业规程》
	30	KT/OIM/ZY-0606《油田管道阴极保护系统维修作业规程》
	31	KT/OIM/ZY-0607《油田管道地质灾害治理作业规程》

程序文件	序号	作业文件
KT/OIM/CX-07《油田管道效能评价程序》	32	KT/OIM/ZY-0701《油田管道效能评价作业规程》
KT/OIM/CX-08《油田管道完整性管理审核程序》	33	KT/OIM/ZY-0801《油田管道完整性管理审核作业规程》
KT/OIM/CX-09《油田管道失效管理程序》	34	KT/OIM/ZY-0901《油田管道失效分析作业规程》
	35	KT/OIM/ZY-0902《油田管道失效数据分析作业规程》

总则：提出了管道完整性管理总体要求。

程序文件：明确了完整性管理各要素的工作流程和技术方法。

作业文件：规范了程序文件中指引的某项工作任务的具体做法。

附录文件：给出了完整性管理数据记录表单和相关文献。

二、气田管道完整性管理体系文件

1. 完整性管理的总体目标

保障气田管道本质安全，控制运行风险，延长使用寿命，提高管理水平，助力上游业务提质、降本、增效和高质量发展。

2. 完整性管理的工作原则

与油田管道一致。

3. 气田管道完整性管理体系文件

《中国石油天然气股份有限公司气田管道完整性管理手册》是股份公司气田管道实施完整性管理的执行文件，适用于股份公司所属油气田分（子）公司国内陆上除液体管道以外的气田管道，说明气田管道完整性各个要素的工作流程和具体做法，包括总则1个、程序文件9个、作业文件38个，附录文件2个。

总则：提出了管道完整性管理总体要求。

程序文件：明确了完整性管理各要素的工作流程和技术方法。

作业文件：规范了程序文件中指引的某项工作任务的具体做法。

附录文件：给出了完整性管理数据记录表单和相关文献。

三、油田站场完整性管理体系文件

《中国石油天然气股份有限公司油田站场完整性管理手册》是管道及站场完整性管理体系文件的重要组成部分，分为总则、程序文件、作业文件和附录表单4个层级，是各油气田公司开展油田站场完整性管理的核心管理要求和技术支持文件（表6-3-2）。

手册阐述了油田站场完整性各个要素的工作流程和具体做法，包括总则1个、程序文件7个、作业文件19个、附录文件2个，内容涵盖方案制订、建设期完整性管理、数据采集、风险评价、检测评价、维修维护和效能评价几大部分，具体见表6-3-3。

表6-3-2　气田管道完整性管理程序文件和作业文件

程序文件	序号	作业文件
KT/GIM/CX-01《气田管道完整性管理方案制定程序》	1	KT/GIM/ZY-0101《气田管道完整性管理一线一案编制作业规程》
	2	KT/GIM/ZY-0102《气田管道完整性管理一区一案编制作业规程》
KT/GIM/CX-02《气田管道建设期完整性管理程序》	3	KT/GIM/ZY-0201《气田管道建设期完整性管理章节编制作业规程》
	4	KT/GIM/ZY-0202《气田管道建设期数据采集作业规程》
	5	KT/GIM/ZY-0203《气田管道建设期基线检测作业规程》
KT/GIM/CX-03《气田管道运行期数据采集程序》	6	KT/GIM/ZY-0301《气田管道运行期数据采集作业规程》
	7	KT/GIM/ZY-0302《气田管道测绘作业规程》
KT/GIM/CX-04《气田管道高后果区识别和风险评价程序》	8	KT/GIM/ZY-0401《气田管道高后果区常规识别作业规程》
	9	KT/GIM/ZY-0402《气田高含硫管道高后果区识别作业规程》
	10	KT/GIM/ZY-0403《气田管道高后果区区域识别作业规程》
	11	KT/GIM/ZY-0404《气田管道定性风险评价作业规程》
	12	KT/GIM/ZY-0405《气田管道半定量风险评价作业规程》
	13	KT/GIM/ZY-0406《气田管道定量风险评价作业规程》
	14	KT/GIM/ZY-0407《气田管道地质灾害敏感点识别与风险评价作业规程》
	15	KT/GIM/ZY-0408《气田管道第三方损坏风险评价作业规程》
KT/GIM/CX-05《气田管道检测评价程序》	16	KT/GIM/ZY-0501《气田管道内检测作业规程》
	17	KT/GIM/ZY-0502《气田管道外腐蚀直接评价作业规程》
	18	KT/GIM/ZY-0503《干气管道内腐蚀直接评价作业规程》
	19	KT/GIM/ZY-0504《湿气管道内腐蚀直接评价作业规程》
	20	KT/GIM/ZY-0505《气田管道穿跨越专项检测作业规程》

续表

程序文件	序号	作业文件
KT/GIM/CX-05《气田管道检测评价程序》	21	KT/GIM/ZY-0506《气田管道压力试验作业规程》
	22	KT/GIM/ZY-0507《气田管道阴极保护系统有效性检测作业规程》
	23	KT/GIM/ZY-0508《气田管道杂散电流测试作业规程》
	24	KT/GIM/ZY-0509《气田管道防腐层检测作业规程》
	25	KT/GIM/ZY-0510《气田管道腐蚀监测作业规程》
	26	KT/GIM/ZY-0511《气田管道缺陷剩余强度评价作业规程》
	27	KT/GIM/ZY-0512《气田管道缺陷剩余寿命评价作业规程》
KT/GIM/CX-06《气田管道维修维护程序》	28	KT/GIM/ZY-0601《气田管道线路巡检作业规程》
	29	KT/GIM/ZY-0602《气田管道线路日常维护作业规程》
	30	KT/GIM/ZY-0603《气田管道防腐层缺陷修复作业规程》
	31	KT/GIM/ZY-0604《气田管道本体缺陷修复作业规程》
	32	KT/GIM/ZY-0605《气田管道内腐蚀防护作业规程》
	33	KT/GIM/ZY-0606《气田管道清管作业规程》
	34	KT/GIM/ZY-0607《气田管道地质灾害治理作业规程》
KT/GIM/CX-07《气田管道效能评价程序》	35	KT/GIM/ZY-0701《气田管道效能评价作业规程》
KT/GIM/CX-08《气田管道完整性管理审核程序》	36	KT/GIM/ZY-0801《气田管道完整性管理审核作业规程》
KT/GIM/CX-09《气田管道失效管理程序》	37	KT/GIM/ZY-0901《气田管道失效数据采集作业规程》
	38	KT/GIM/ZY-0902《气田管道失效数据分析作业规程》

表 6-3-3　油田站场完整性管理程序文件和作业文件

程序文件	序号	作业文件
KT-YT-CX-01《油田站场完整性管理方案制定程序》	1	KT-YT-ZY-0101《油田站场完整性管理方案编制作业规程》
KT-YT-CX-02《油田站场建设期完整性管理程序》	2	KT-YT-ZY-0201《油田站场建设期完整性管理章节编制作业规程》
KT-YT-CX-03《油田站场数据采集程序》	3	KT-YT-ZY-0301《油田站场建设期数据采集作业规程》
	4	KT-YT-ZY-0302《油田站场运行期数据采集作业规程》
KT-YT-CX-04《油田站场风险评价程序》	5	KT-YT-ZY-0401《油田站场静设备RBI评价作业规程》
	6	KT-YT-ZY-0402《油田站场动设备RCM评价作业规程》
	7	KT-YT-ZY-0403《油田站场安全仪表系统SIL评价作业规程》
	8	KT-YT-ZY-0404《油田站场工艺危害与可操作性分析（HAZOP）作业规程》

程序文件	序号	作业文件
KT-YT-CX-05《油田站场检测评价程序》	9	KT-YT-ZY-0501《油田站场工艺管道检测评价作业规程》
	10	KT-YT-ZY-0502《油田站场加热炉检测评价作业规程》
	11	KT-YT-ZY-0503《油田站场储罐检测评价作业规程》
	12	KT-YT-ZY-0504《油田站场自控系统测试作业规程》
KT-YT-CX-06《油田站场维修维护程序》	13	KT-YT-ZY-0601《油田站场工艺管道维修维护作业规程》
	14	KT-YT-ZY-0602《油田站场加热炉维修维护作业规程》
	15	KT-YT-ZY-0603《油田站场储罐维修维护作业规程》
	16	KT-YT-ZY-0604《油田站场泵维修维护作业规程》
KT-YT-CX-07《油田站场效能评价程序》	17	KT-YT-ZY-0701《油田站场效能评价作业规程》
	18	KT-YT-ZY-0702《油田站场失效数据采集作业规程》
	19	KT-YT-ZY-0703《油田站场失效数据分析作业规程》

四、气田站场完整性管理体系文件

《气田站场完整性管理体系》是气田站场实施完整性管理的执行文件，说明气田站场完整性管理的工作流程和具体做法，包括总则、程序文件、作业文件，附录文件。

其中总则提出了气田站场完整性管理总体要求；程序文件明确了完整性管理的工作流程和技术方法；作业文件规范了程序文件中指引的某项工作任务的具体做法；附录文件给出了完整性管理数据记录表单和相关文献。

1. 适用范围

《气田站场完整性管理体系》适用于国内陆上气田站场的完整性管理。目的在于保障气田站场设备设施的本质安全，控制运行风险，延长使用寿命，提高管理水平，降低站场全生命周期费用。

2. 总体要求

站场完整性管理体系文件应包括完整性管理的五部循环：数据采集、风险评价、监/检测评价、维修维护、效能评价。通过上述过程的循环，逐步提高完整性管理水平。工作流程示意图如图6-3-2所示。

图 6-3-2　气田站场完整性管理工作流程示意图

（1）数据采集：应结合站场竣工资料和生产运行与维修维护资料，进行数据采集工作，采集对象宜包括静设备、动设备、仪表系统，采集数据宜包括的属性数据、工艺数据、运行数据、风险数据、失效管理数据、历史记录数据和监／检测数据等。

（2）风险评价：利用采集的数据，对站场内的静设备、动设备和仪表系统进行危害辨识，并对辨识的危害开展风险评价，确定站场内的高风险区域及关键设备，并提出站场监／检测工作建议。

（3）监／检测评价：根据风险评价结果，确定监／检测对象，制订站场监／检测计划；应针对监／检测对象、失效模式，依据相关标准，选择合适的监／检测设备和方法，制订现场监／检测方案并实施监／检测评价，提出站场维修维护工作建议。

（4）维修维护：应针对监／检测评价结果，确定维修维护对象，制订站场维修维护工作计划；依据相关标准，制订维修与维护实施方案，按照方案实施站场的维修维护工作，并做好过程的质量监控与数据采集工作。

（5）效能评价：针对完整性管理方案的落实情况，考察完整性管理工作的有效性，提出下一步工作改进建议（表6-3-4）。

表 6-3-4　气田站场完整性管理程序文件和作业文件

程序文件	序号	作业文件
KT-QT-CX-01《气田站场完整性管理方案制定程序》	1	KT-QT-ZY-0101《气田站场完整性管理方案编制作业规程》
KT-QT-CX-02《气田站场建设期完整性管理程序》	2	KT-QT-ZY-0201《气田站场建设期完整性管理作业规程》
KT-QT-CX-03《气田站场数据采集程序》	3	KT-QT-ZY-0301《气田站场建设期数据采集作业规程》
	4	KT-QT-ZY-0302《气田站场运行期数据采集作业规程》

续表

程序文件	序号	作业文件
KT-QT-CX-04《气田站场风险评价程序》	5	KT-QT-ZY-0401《气田站场工艺危害与可操作性分析作业规程》
	6	KT-QT-ZY-0402《气田站场静设备 RBI 评价作业规程》
	7	KT-QT-ZY-0403《气田站场动设备 RCM 评价作业规程》
	8	KT-QT-ZY-0404《气田站场安全仪表系统 SIL 评价作业规程》
KT-QT-CX-05《气田站场监/检测评价程序》	9	KT-QT-ZY-0501《气田站场工艺管道检测作业规程》
	10	KT-QT-ZY-0502《气田站场工艺管道安全评定作业规程》
	11	KT-QT-ZY-0503《气田站场储罐检测评定作业规程》
	12	KT-QT-ZY-0504《气田站场加热炉检测评定作业规程》
	13	KT-QT-ZY-0505《气田站场腐蚀监测作业规程》
	14	KT-QT-ZY-0506《气田站场动设备运行状态监测作业规程》
	15	KT-QT-ZY-0507《气田站场井口截断系统测试作业规程》
	16	KT-QT-ZY-0508《气田站场气液联动球阀测试作业规程》
	17	KT-QT-ZY-0509《气田站场自控系统测试作业规程》
KT-QT-CX-06《气田站场维修维护程序》	18	KT-QT-ZY-0601《气田站场静设备维护维修作业规程》
	19	KT-QT-ZY-0602《气田站场动设备日常维护保养作业规程》
KT-QT-CX-07《气田站场效能评价程序》	20	KT-QT-ZY-0701《气田站场效能评价作业规程》
	21	KT-QT-ZY-0702《气田站场失效数据采集作业规程》
	22	KT-QT-ZY-0703《气田站场失效数据分析作业规程》

第七章 管道完整性管理和检测评价标准法规

第一节 国内管道完整性管理标准法规

2001 年我国各大管道公司开始接受完整性管理理念，经过近十多年的发展，目前已经建立了完善的长输管道完整性管理相关标准，包括数据采集、高后果区识别、风险评价、检测评价、维修维护等，本章共整理相关标准法规 76 项，具体清单见表 7-1-1。

表 7-1-1 管道完整性管理国内相关标准法规

序号	类 别	数量（个）
1	法律法规	7
2	综合要求类	6
3	建设期完整性管理	11
4	数据采集	2
5	高后果区识别及风险评价	14
6	检测评价	22
7	维修与维护	12
8	效能评价	2

一、法律法规

法律法规分为以下 7 项。

（1）《中华人民共和国安全生产法》。

（2）发改能源〔2016〕2197 号《关于贯彻落实国务院安委会工作要求全面推行油气输送管道完整性管理的通知》。

（3）国质检特联〔2016〕560 号《质检总局国资委能源局关于规范和推进油

气输送管道法定检验工作的通知》。

（4）《中华人民共和国环境保护法》。

（5）《中华人民共和国石油天然气管道保护法》。

（6）《中华人民共和国特种设备安全法》。

（7）质检办特函〔2017〕1336 号《质检总局办公厅关于承压特种设备安全监察工作有关问题意见的通知》。

二、综合要求类

综合要求类分为以下 6 项。

（1）GB 32167—2015《油气输送管道完整性管理规范》。

（2）Q/SY 1180.1—2009《管道完整性管理规范　第 1 部分：总则》。

（3）SY/T 6621—2016《输气管道系统完整性管理规范》。

（4）SY/T 6648—2016《输油管道完整性管理规范》。

（5）SY/T 6975—2014《管道系统完整性管理实施指南》。

（6）《中国石油天然气股份有限公司油气田管道和站场完整性管理规定》。

三、建设期完整性管理

建设期完整性管理分为以下 11 项。

（1）GB 50251—2015《输气管道工程设计规范》。

（2）GB 50253—2014《输油管道工程设计规范》。

（3）GB 50348—2015《气田集输设计规范》。

（4）GB 50350—2015《油田油气集输设计规范》。

（5）GB 50368—2014《油气长输管道工程施工及验收规范》。

（6）GB 50423—2013《油气输送管道穿越工程设计规范》。

（7）GB 50424—2015《油气输送管道穿越工程施工规范》。

（8）GB 50459—2017《油气输送管道跨越工程设计规范》。

（9）GB 50460—2015《油气输送管道跨越工程施工规范》。

（10）Q/SY 1180.5—2009《管道完整性管理规范　第 5 部分：建设期管道完整性管理导则》。

（11）SY/T 4131—2016《油气输送管道线路工程竣工测量规范》。

四、数据采集

数据采集分为以下 2 项。

（1）Q/SY 1180.6—2014《管道完整性管理规范 第 6 部分：数据采集》。

（2）SY/T 0087.5—2016《钢质管道及储罐腐蚀评价标准 第 5 部分：油气管道腐蚀数据综合分析》。

五、高后果区识别及风险评价

高后果区识别及风险评价分为以下 13 项。

（1）GB/T 27512—2011《埋地钢质管道风险评估方法》。

（2）GB/T 30579—2014《承压设备损伤模式识别》。

（3）GB/T 34346—2017《基于风险的油气管道安全隐患分级导则》。

（4）Q/SY 1180.2—2014《管道完整性管理规范 第 2 部分：管道高后果区识别规程（科技中心版）》。

（5）Q/SY 1180.3—2014《管道完整性管理规范 第 3 部分：管道风险评价导则（科技中心版）》。

（6）Q/SY 1481—2012《输气管道第三方损坏风险评估半定量法》。

（7）Q/SY 1594—2013《油气管道站场量化风险评价导则》。

（8）Q/SY 1646—2013《定量风险分析导则》。

（9）SY/T 6714—2020《油气管道基于风险的检测方法》。

（10）SY/T 6828—2017《油气管道地质灾害风险管理技术规范》。

（11）SY/T 6830—2011《输油站场管道和储罐泄漏的风险管理》。

（12）SY/T 6859—2020《油气输送管道风险评价导则》。

（13）SY/T 6891.1—2012《油气管道风险评价方法 第 1 部分：半定量评价法》。

六、检测评价

检测评价分为以下 21 项。

（1）GB 50991—2014《埋地钢质管道直流干扰防护技术标准》。

（2）GB/T 16805—2017《输送石油天然气及高挥发性液体钢质管道压力试验》。

（3）GB/T 19285—2014《埋地钢质管道腐蚀防护工程检验》。

（4）GB/T 27699—2011《钢质管道内检测技术规范》。

（5）GB/T 30582—2014《基于风险的埋地钢质管道外损伤检验与评价》。

（6）GB/T 50698—2011《埋地钢质管道交流干扰防护技术标准》。

（7）Q/SY 1180.4—2015《管道完整性管理规范 第4部分：管道完整性评价》。

（8）Q/SY 1267—2010《钢质管道内检测开挖验证规范》。

（9）SY/T 0087.1—2018《钢制管道及储罐腐蚀评价标准 第1部分：埋地钢质管道外腐蚀直接评价》。

（10）SY/T 0087.2—2020《钢质管道及储罐腐蚀评价标准 第2部分：埋地钢质管道内腐蚀直接评价》。

（11）SY/T 0087.3—2010《钢制管道及储罐腐蚀评价标准钢质储罐直接评价》。

（12）SY/T 5992—2012《输送钢管静水压爆破试验方法》。

（13）SY/T 6151—2009《钢质管道管体腐蚀损伤评价方法》。

（14）SY/T 6477—2017《含缺陷油气管道剩余强度评价方法》。

（15）SY/T 6597—2018《油气管道内检测技术规范》。

（16）SY/T 6996—2014《钢质油气管道凹陷评价方法》。

（17）TSG D 7003—2010《压力管道定期检验规则长输（油气）管道》。

（18）TSG D 7005—2018《压力管道定期检验规则工业管道》。

（19）内部资料——油勘〔2017〕201号《附件1：中国石油天然气股份有限公司油田集输管道检测评价及修复技术导则》。

（20）内部资料——油勘〔2017〕201号《附件2：中国石油天然气股份有限公司气田集输管道检测评价及修复技术导则》。

（21）内部资料——油勘〔2017〕201号《附件3：中国石油天然气股份有限公司油气集输站场检测评价及维护技术导则》。

七、维修与维护

维修与维护分为以下11项。

（1）GB/T 21447—2018《钢质管道外腐蚀控制规范》。

（2）GB/T 21448—2017《埋地钢质管道阴极保护技术规范》。

（3）GB/T 23258—2020《钢质管道内腐蚀控制规范》。

（4）GB/T 31468—2015《石油天然气工业管道输送系统管道延寿推荐作法》。

（5）Q/SY 1592—2013《油气管道管体修复技术规范》。

（6）SY/T 5918—2017《埋地钢质管道外防腐层保温层修复技术规范》。

（7）SY/T 6064—2017《油气管道线路标识设置技术规范》。

（8）SY/T 6649—2018《油气管道管体缺陷修复技术规范》。

（9）SY/T 6827—2020《油气管道安全预警系统技术规范》。

（10）SY/T 6964—2013《石油天然气站场阴极保护技术规范》。

（11）《油气输送管道与铁路交汇工程技术及管理规定》（国家能源局 国家铁路局）。

八、效能评价

效能评价分为以下 2 项。

（1）GB/T 30339—2013《项目后评价实施指南》。

（2）Q/SY 1180.8—2013《管道完整性管理规范 第 8 部分：效能评价》。

第二节　国外管道完整性管理标准法规

一、国外管道完整性管理标准法规

1.法规标准及其体系文件

美国是世界上最早针对危险液体管道和输气管道实施完整性管理实践的国家。20 世纪 80 年代至 20 世纪 90 年代，管道运营商借鉴过程工业的风险管理技术进行管道风险识别评价工作。21 世纪，通过科研攻关、管理对标、工业管道试验验证以及行政立法等途径，管道运营商建立了成熟、完善的油气管道完整性管理体系。美国管道完整性标准体系核心是 ASME B31.8S《输气管道系统的完整性管理》和 API RP 1160《危险液体管道的完整性管理》2 项标准，并配套制定了管道完整性技术支持标准，包括管道完整性评价技术、管道检测技术、管道维修和修复技术、人员资质和公众警示等。

（1）管道完整性管理的联邦法规。

①《美国联邦法典》第 49 部。

CFR DOT 49 部 191《天然气和其他气体的管道运输年度报告、事故报告，以及相关安全条件报告》。

CFR DOT 49 部 192《天然气和其他气体的管道运输的联邦最低标准》。

CFR DOT 49 部 193《液化天然气设施》。

CFR DOT 49 部 194《陆上石油管道应急方案》。

CFR DOT 49 部 195《危险液体的管道运输》。

②《管道安全促进法》（美国 H.R.3609）。

（2）管道完整性管理的管理标准。

① ASME B31.8S《输气管道系统的完整性管理》。

② API RP 1160《危险液体管道的完整性管理》。

③ NACE SP 0113—2013《管道完整性适用方法选择》。

（3）管道完整性管理评估技术标准。

① ASME B31.G—2012《确定腐蚀管线剩余强度手册》。

② NACE RP 0502—2010《管道外腐蚀检测与直接评价标准》（ECDA）。

③ NACE SP 0208—2008《液体石油管道内部腐蚀直接评估方法》。

④ NACE RP 0110—2018《内腐蚀直接评价（湿气）》。

⑤ NACE RP 0206—2016《内腐蚀直接评价（干气）》。

⑥ API 579—2007《设备适用性评价》。

（4）管道完整性检测技术标准。

① NACE RP 0102—2017《管道内检测的推荐实施标准》。

② API 1163—2013《管道内检测系统标准》。

③ API RP 580—2016《基于风险的检测》。

④ API pub 581—2016《基于风险的检测 基础源文件》。

⑤ API RP 574—2016《管道系统组件检验推荐作法》。

⑥ API 1104—2013《管道及有关设施的焊接》。

（5）管道完整性管理修复与维护技术标准。

① API 570—2016《管道检验规范 在用管道系统检验，修理，改造和再定级》。

② API RP 2200—2015《石油管道、液化石油管道、成品油管道的修理》。

（6）人员资质及其他。

① ASNT ILI–PQ—2017《管道内检测员工的资格》。

②《ASNI/ASNT 无损检测人员资格评定导则》。

③ API RP 1120—1995《液体管道维修人员的培训与认证》。

④ API RP 1129—1996《危险性液体管道系统完整性的保证措施》。

⑤ API RP 1162—2010《管道操作者的公共注意事项》。

⑥ NACE pub 35100—2012《管道内检测报告》。

2. 国外管道完整性管理法规简介

H.R.3609《管道安全促进法》（PSIA）的颁布，标志着完整性管理从法律层面成为油气管道安全保障的主要手段，同时促使油气管道完整性管理、安全检测与评价、预防与修复等管道相关标准快速发展，完整性管理逐渐体系化；2006 年《管道检验、保护、强制执行与安全法》的颁布，正式将防止第三方挖掘破坏提升至联邦一级水平，减少了管道人为意外损伤；2011 年颁布的《管道安全、监管确定性和创造就业法》，要求提高管道安全标准，加大监管和处罚力度，强化员工培训工作和公众宣传教育，从法律角度提升了安全管理力度；2015 年、2016 年美国对油气输送管道联邦法规 49CFR 195《危险液体的管道运输》、49CFR 192《天然气和其他气体的管道运输的联邦最低标准》分别进行了修订，对数据收集、高后果区识别、风险评估、完整性评价、压力测试、风险消减与维修维护等条款内容进行了部分修改，提出中后果区（Moderate Consequence Areas，MCAs）的概念，将周期性完整性管理扩展至高后果区（High Consequence Areas，HCAs）以外可能发生重大事故的隐患管段。

（1）美国国会关于增进管道安全性的法案。

为了增进管道的安全性，美国国会 2002 年 11 月通过了专门的 H.R.3609 号法案，H.R.3609《管道安全促进法》是检测、事故调查、风险管理和系统完整性倡议的经验的升华。该法令要求美国的输送天然气和有害液体的管道指石油和石油产品"将通过最近 10 年内的必要检测来防止油气管道泄露和破裂事故的发生确保美国国内油气管道的安全。而更多的问题管道将在 5 年内完成检测。在此以后的所有管道都必须每 7 年检测一次。"

该法规提出：

①对管道完整性、安全性和可靠性的研究与发展。

②管道操作人员的资格认证及标准的确定。

③对输气管道的风险分析与完整性管理程序。

④建立国家管道地理信息系统。

⑤管道操作人员在进行管道修复项目时与环境的协调。

该法令旨在建立一套规程以要求操作人员对天然气运输管道开发完整性管理程序，如果这些管道失效，它们会影响事故结果严重区（High Consequence Area，HCA）。这些程序主要是要求操作人员对他们的管道进行全面评价，并且采取措施保护位于事故结果严重区的管段，此法令建议通过增加考虑居住距高压大直径管道的距离范围的居民来扩大 HCAs 的定义，要求大直径、操作压力高的管道操作人员掌握 HCA 应包括管道周围方圆 1000ft 的范围，当前的 HCA 定义仅要求考虑距离管道 660ft 的居民。

H.R.3609 明确要求管道运营商要在后果严重地区，实施管道完整性管理计划。这是美国法律对开展管道完整性管理的强制性要求。完善了管道安全的国家法律行政部门规章标准体系油气管道必须在规定期限内完成识别管道通过的 HCA 地区制订完整性管理程序。对不同类型、不同条件的油气管道规定了不同的基线评价完成时限及完成率。PSIA 的部分内容也写入了 ANSI 相关标准中。

（2）美国联邦规章。

基于 PSTA 法案，美国政府运输部已发布了输气管道和液体危险品管道安全性管理的建议规则。

① 49CFR 192《天然气和其他气体的管道运输的联邦最低标准》：天然气和其他气体的管道运输的联邦最低标准。

a.输气管道 HCA 的确定。

输气管道后果严重地区是指：3 级地区；4 级地区；沿管道两侧的狭长地带 [管径不大于 12in（305mm），最大工作压力不大于 1200psi（8.27MPa）时，狭长地带宽度为 300ft（91.4m）；管径不小于 30in（762mm），最大工作压力不小于 1000psi（6.9MPa）时，狭长地带宽度为 1000ft（305m）]。

b.输气管道后果严重地区中后果严重场所（Sites of High Consequence Areas）的确定。

位于 HCA 内的建筑物或场地，如果有证据证明在任何 12 个月的期间内，有 20 人以上使用该建筑物或场地不少于 50 天，则认定该建筑物或场地为 HCA 中的后果严重场所。

c. 49CFR 192 第 919 节中规定了基线评估包括管道风险识别、基于风险的完整性评价方法、质量控制等。

d. 49CFR 192 第 921 节中规定了实施基线评估的方法，即内检测、直接检测及压力试验等。同时规定：对于管道特定的风险因素还应选用专门的技术进行评估，但必须在 180 天前告知管道安全办公室（Office of Pipeline Safety，OPS），对于早前已经确定的高后果区管段限期开展基线评估，最后完成日期截止到 2002 年 12 月 17 日；对于新识别的高后果区管段和新安装管段，则需要在 10 年内完成基线评估。2016 年对第 921 节条款进行了修订，并提出基线评估中进行强度试验的管道压力必须达到最大许用操作压力（Maximum Allowable Operating Pressure，MAOP）。

e. 49CFR 192 第 3 节 2016 年修订后增加了内检测和内检测工具定义：内检测指用内检测工具检测管道内部状况的方法；内检测工具指利用无损检测技术从管道内部检测管道状况的设备，也称智能球。在进行内检测时，运营单位操作人员要遵守 API 1163—2013《管道内检测系统标准》，NACE 0102—2010《管道在线检测》，以及 ANSI/ASNT ILI-PQ—2010《在线检测人员资格和证书》等相关标准。

f. 49CFR 192 2016 年新增第 710 节，该章节应用范围为 3 级和 4 级地区管道、中后果区管道，但不适用于高后果区管道；通过引入中后果区扩大定期检测评价范围，规定在中后果区安装内检测收发装置，以满足内检测要求。首次评价时间为 15 年，再评价周期 20 年，当管段存在异常时，可缩短再评价周期；并新增了评价方法：冲击水压试验；新增开挖直接检验评估方法；超声导波探伤方法；如果无法进行内检测，可以仅用直接评价方法，包括外腐蚀直接评价、内腐蚀直接评价以及应力腐蚀开裂直接评价。新增的第 713 节针对非高后果区管道的修复计划（主要指中后果区）。

② 49CFR 195《危险液体的管道运输》：危险液体的管道输送。

a. 危险液体管道 HCA 的确定。

危险液体管道 HCA 定义见 49CFR 195.450。

后果严重区是指美国人口调查局定义的城市化地区。城市化地区至少有 50000 人口，人口密度至少是 1000 人 /mile^2。人口密集区是指美国人口调查局定义的人口集中地区。例如，城市、城镇、乡村和其他居民及商业区。商业航道是指用于商业航运的水道。这些航道可以在国家航道网中查到。国家航道网是国家航道全球图像系统设计委员会建立的地理数据库。

对油品录漏敏感环境的一个地区。美国的定义见 49CFR 195《危险液体的管道运输安全》第 6 节。

b.美国政府规则对危险液体管道完整性管理计划内容的要求：确定影响危险液体管道 HCA 的管段位置。主要考虑液体漏失是否会影响 HCA；制订影响危险液体管道 HCA 管段的基准数据的检测计划；定期进行完整性评价，间隔不大于 5 年。由专家审核评价结果。

修复或减轻造成威胁的因素。进行风险分析并控制风险。

针对高后果区，49CFR 195《危险液体的管道运输安全》第 452 节规定：完整性评价周期为 5 年，当需要延长评价周期时，必须提前 270 天向 OPS 申请，并且延长期不超过 68 个月。高后果区基线评估的检测方法包括内检测、压力试验、外腐蚀直接评价以及其他测试方法。如果选择其他测试方法，要求在 90 天前告知 OPS，陈述选择该方法的理由、基于风险评估的计划安排，给出基线评估完成时间表，并要求在管道开始投用前完成基线评估。对于新识别的高后果区，必须在 1 年内列入基线评估计划，5 年内完成该区域的基线评估。2016 最新版 49CFR 195《危险液体的管道运输》第 452 节，在修复计划中增加了"显著 SCC 和选择性焊缝腐蚀迹象的缺陷"，删除"60 天修复计划"，将"180 天修复计划"更改为"270 天修复计划"。

3.输气管道完整性管理标准简介

（1）概述。

ASME B31.8S 是输气管道完整性管理标准，是对 ASME B31.8《天然气输送和分配系统》的补充。在 2002 年 1 月 14 日它被批准为美国国家标准，也是为各国广泛接受的事实上的国际标准，其内容涵盖天然气输送管道与配气管路系统的设计、施工和运行。ASME B31.8S 的目的是为管道系统的完整性和完整性管理提供一个系统的、广泛的、完整的方法。最新版本 ASME B31.8S《输气管道系统的完整性管理》于 2018 年 7 月 2 日通过 ANSI 认证。

该标准是一个过程标准，它描述了管道公司在进行一项完整性管理时可能涉及的过程。它提供了进行完整性管理的两种方法：规定的完整性管理程序和基于风险评估的完整性管理程序。基于风险评估的完整性管理方法必须满足或超过规定的完整性管理方法的结果。

包括规定的、以风险分析为基础的两种完整性管理程序。许多国家的管道公司目前正使用基于风险或风险管理原理来提高他们的管道系统的完整性。API RP 1160 正是用它作为母版而形成的。

该标准全面论述了完整性管理原则、完整性管理程序所需的要素、完整性管理的流程以及完整性管理流程的具体要求。附录 A 介绍了针对标准正文所列的九类危险的规定的完整性管理方案的流程图及其基本组成和当出现采取的措施和时间间隔不适用于运营公司可能遇到的严重情况下如何通过更精确的分析和更频繁的检测来达到管道完整性要求；附录 B 提供了管道内腐蚀、外腐蚀评价的实施方法。

（2）标准的主要内容介绍。

①完整性管理程序要素。

根据 ASME B31.8S，管道完整性管理的要素包括以下五个方面，这五个要素集中起来，成为综合、系统和全面的完整性管理程序的基础。

a. 完整性管理方案（第 8 章）。完整性管理方案是执行每一步骤和进行支持性分析的文件。方案应包括预防、探测和减缓措施，还应制订一个措施实施的时间表。

b. 效能测试方案（第 9 章）。效能测试主要关注的是完整性管理程序提高管道安全性的效果。

c. 联络方案（第 10 章）。为了使公众了解在完整性管理方面所做的工作，运营公司应制订并实施与员工、公众、应急人员、当地公务人员及管理部门进行有效联络的方案。该方案应向每个股东通报有关完整性管理方案的信息及所获得的结果。

d. 变更管理方案（第 11 章）。管道系统及其所处的环境不是静止不变的。在完整性管理方案实施前，应采用一种系统方法，确保对管道系统的设计，操作或维护发生变更所带来的潜在风险进行评估，并确保对管道运行所处环境的变化进行评价。在变更发生之后，适当时，应将其纳入以后的风险评估中，以保证风险评估方法针对的是当前配置，操作和维护的管道系统。完整性管理方案减缓措施的结果，应作为对系统和设施设计和操作的反馈。

e. 质量控制方案（第 12 章）。质量控制方案是"运营公司满足其完整性管理程序所有要求的文件证序的审核程序及其文件证明。"包括以质量控制为目的的完整性管理程序的评价和完整性管理程序所需的文件和对完整性管理程序的审核程序及其文件。

②完整性管理的流程。

完整性管理的流程描述了管道完整性管理实施的步骤，主要包括：管道危险因素及潜在影响的识别；数据收集、审查和处理；风险评估；完整性评价；对完整性评价的响应，减缓（维修和预防）措施和检测时间间隔的确定；数据的更新、整合和检查；风险再评估等。

需要说明的是，完整性管理的流程是一个不断循环更新的过程，而且每一步骤在实施过程中通常也需要多次的循环和重复。

ASME B31.8S 规定了管道完整性管理的两种程序：规定的完整性管理程序和基于风险分析完整性管理程序，规定的完整性管理程序要求的数据资料和分析最少，按照标准 ASME B31.8S 和"非强制性附录 A"介绍的步领即能完成，这种方法结合预计最坏情况的发展迹象，确定逐次进行完整性评价的时间间隔，这种做法使得对数据的要求减少，分析的范围缩小。基于风险分析完整性管理程序需要更深入地了解管道的情况，在检测时间间隔、检测工具、预防和减缓方法上有更大的选择余地，其实施的结果必须达到或超过规定的完整性管理方法的结果，只有进行了充分的完整性评价，为基于风险评价的完整性管理程序提供了数据，才能实施基于风险评价的完整性管理程序。

在这两种完整性管理程序中，风险评价都是必不可少的。管道的风险评价是指用系统的、分析的方法来识别管道运行过程中潜在的危险、确定发生事故的概率和事故的后果，它的目标是对管道完整性评估和事故减缓活动进行优先排序，评价事故减缓措施的效果，确定对已识别危险最有效的减缓措施，评价改变检测周期后的完整性效果，进行更有效的资源分配。

根据风险评估确定的优先序，运营公司应采用相应的方法进行完整性评价。可采用的完整性评价方法有管道内检测、试压、直接评价或标准所述的其他方法。完整性评价方法的选择，取决于管段所敏感的危险。要确定管段的各种危险，可能需采用多种方法和 / 或工具。对于某些危险，运营公司采用任何一种完整性评价方法进行检测可能都不合适。其他措施（如预防措施）可能会得到更好的完整性管理结果。

③完整性评价时间间隔。

可采用为规定的完整性管理程序制订的风险分析方法对管段完整性评价进行重点排序。管段的完整性一经确定，就要按表7-2-1确定再检测的时间间隔。规定的完整性管理程序的风险分析使用的数据组最少。它们不能用来延长再检测的时间间隔。

表 7-2-1 时效性危险的规定完整性管理方案

检测技术	时间间隔（a）	标　　准		
		≥50%SMYS	≥30% ~ 50% SMYS	<30% SMYS
试压	5	TP=1.25MAOP	TP=1.39MAOP	TP=1.65MAOP
	10	TP=1.39MAOP	TP=1.65MAOP	TP=2.20MAOP
	15	不允许	TP=2.0MAOP	TP=2.75MAOP
	20	不允许	不允许	TP=3.33MAOP
内检测	5	p_f>1.25MAOP	p_f>1.39MAOP	p_f>1.65MAOP
	10	P_f>1.39MAOP	p_f>1.65MAOP	p_f>2.20MAOP
	15	不允许	p_f>2.0MAOP	p_f>2.75MAOP
	20	不允许	不允许	p_f>3.33MAOP
直接评价	5	危险迹象抽样检查	危险迹象抽样检查	危险迹象抽样检查
	10	危险迹象全部检查	危险迹象一半以上进行检查	危险迹象抽样检查
	15	不允许	危险迹象全部检查	危险迹象一半以上进行检查
	20	不允许	不允许	危险迹象全部检查

注：TP，试压压力；p_f，根据 ASME B31G 或等效标准确定的预测失效压力。

以风险分析为基础的完整性管理程序的风险分析，可以作为确定检测时间间隔的依据，这种风险分析要求的数据项，要比"非强制性附录 A"中所要求的更多，要求分析更详细。也可用这些分析结果评价减缓措施和预防方法以及他们的时间表。

4. 液体管道完整性管理标准简介

API RP 1160《危险液体管道的完整性管理》为液体管道工业的完整性管理提供了指导。对于使用这个标准的管道运营者而言，在建立或者更新完整性管理时，理解联邦管道安全规定的关于后果严重区的管道完整性管理非常重要。但是要达到高质量的管道安全管理，管道运营者除了遵循管道安全管理规定外，还要做更多工作。运营者要在安全规定的基础上发展最合适其运行要求的完整性管理系统。为了帮助标准的使用者，标准前言部分对完整性管理的要求进行了简单的说明。

（1）APE RP 1160 关于管道完整性管理程序的 PDCA 循环（图 7-2-1）。

完整性管理程序元素通过直接参与管道完整性相关活动或支持活动来实现程序的危险管理目标，以提高程序本身的质量。一个成功的完整性管理程序包括完整性管理"计划和执行""评估、检查和维护活动""检查和执行性能度量""评估和改进活动"。

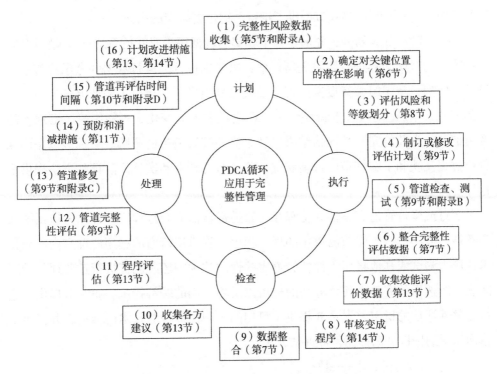

图 7-2-1 管道完整性管理程序的 PDCA 循环

（2）APE RP 1160 关于管道完整性流程内容的简述。

①完整性程序要素——计划。

收集数据以识别完整性风险：为了了解对管道段完整性的潜在威胁，操作员应该收集、检查和集成相关的和可用的信息。这些信息通常由管道的设计，管线的属性，操作历史，之前检查和评估的结果包括任何内检测结果（ILIs）或水压测试，先前进行的维修或其他缓解措施，腐蚀和阴极保护调查，以及为防止泄漏或泄漏影响而采取的措施。此外，随着系统继续运行，应收集累积的运行，维护和监视数据，以在下次完整性评估之前将其输入到下一次程序的风险重新评估中。第 5 节概述了危险液体管道的风险，附录 A 提供了每种风险的详细说明。第 7 节概述了数据源，风险分析中常用的常见数据元素以及数据审查和集成的方法。

识别对关键位置管道的潜在影响：此程序元素涉及识别在发布事件中可能影响关键位置的管道段。关键位置的确定涉及评估人口稠密，对环境敏感和可通航的水域信息，将该信息与管道测绘数据集成，并确定泄露可能影响这些区域的位置。所标识的关键位置可能会随时间或管道系统的变化而变化。因此，关键位置需要定期检查和更新。第 6 节提供了进行关键位置确定的指南。

评估风险和等级划分：先前步骤中收集的数据用于对管道系统进行风险评估。应按既定的时间间隔进行风险重新评估，以考虑最近的运行数据并考虑管道系统设计（例如，新阀门，新更换的管道段或修复项目）和运行（例如流量或液压压力的变化）。在这些风险重新评估中，还应考虑人口变化，可能影响关键地点的变更部分，先前的完整性评估结果以及维修和缓解措施的影响。目标应该是确保分析过程反映和了解管道的最新状况。第 8 节为开发和实施风险评估方法提供了指导。

制订或修订管道完整性评估程序：管道运营商应制订程序以评估管道系统的完整性，或酌情修改先前已遵循的现有程序。管道运营商的程序应确定内检测技术，压力测试或其他将用于评估管道完整性的技术。还应制订进行这些评估的时间表，所选择的完整性评估方法的理由以及将采用的缓解措施。第 9 节提供了进行完整性评估的指南，附录 B 提供了可用的各种内部检测技术的描述，并提供了指南以帮助操作员选择完整性评估方法。

②完整性程序要素——执行。

进行管道检查和测试：管道运营商应执行管道完整性评估程序中所述的内检

测（ILI），静水压力测试或直接评估。所进行的特定类型的检查或检测将反映处理完整性评估程序中确定的风险的最适当方法。第9节提供了进行完整性评估的指南，附录B提供了可用的在线检测技术的描述。

集成完整性评估数据：管道运营商应收集有关其管道完整性的数据，包括由完整性检查，测试生成的数据及生成的结果和报告。管道运营商应特别注意从检测单位处获得结果的法规或其他建议的时间范围。运营商除收集管线数据外，还应收集管线的检测、检测方法的数据。管道操作员将使用该检测工具和方法数据来分析其检测工具的有效性和完整性程序。应收集内检测的数据，与完整性挖掘和无损检测结果进行比较，以评估每种检测工具或检测方法的有效性。第7节简要介绍了数据源、常用数据元素以及数据审查和集成的方法。

收集程序绩效数据：管道操作员应收集程序性能指标，以表明其完整性管理程序的有效性。运营者应收集有关其风险评估，关键位置选择，评估计划，检测，完整性评估，补救措施，预防和缓解措施，重新评估间隔以及程序改进质量的度量。第13节为制订绩效度量以评估程序有效性和进行完整性管理程序审核提供指导。

③完整性程序要素——检查。

审核变更管理（MOC）措施：管道系统及其运行的环境不是静态的。应使用一个系统的过程数据，以确保在实施之前对管道系统设计、操作或维护的更改进行评估，以确定其对潜在风险影响，并确保记录和评估管道运行所处环境的变化。此外，在进行了这些更改之后，应将它们适当地合并到将来的风险评估中，以确保风险评估过程能够解决当前配置的系统。第14节讨论了与完整性管理相关的审核变更管理方面的内容。

管道，工具和程序效能数据与MOC信息集成：管道操作员应集成来自管道检查，测试的数据，有关检查工具性能的数据以及MOC信息。对特定的管道单独分析的这些数据源中的每一个都可能产生不完整信息。数据集成可将使操作员在评估管道完整性时由多个数据源反映的每个风险因素的累积影响。

审查运营商、行业和监管机构的经验教训和建议：运营商还应在适用的情况下收集，审查和整合适用的行业趋势，监管公告和其他运营商的经验。管道运营商通过行业团体和论坛分享的管道安全信息和经验教训可能与管道运营商面临的特定风险或威胁有关。事件发生后调查人员发布的建议或报告，以及监管机构发布的咨询公告，也可能包含有利于管道完整性的信息。在 API RP 1173 的第 11 章中讨论了为管道 SMS 的管理审查和持续改进元素而生产的许多产品，将使管道完整性管理受益，包括风险管理审查的结果，事件调查的结果和建议，评估和经验教训，内部和外部审核的结果以及评估和利益相关者的反馈。第 13 节讨论了绩效跟踪和趋势，以促进持续的改进工作。

完整性程序效能评估：需要定期进行审查，以评估管道运营商的完整性管理程序的有效性。运营者应审查程序绩效指标，并定期评估其完整性评估方法以及其预防和缓解风险控制活动（包括维修）的有效性。运营商还应评估其管理系统和流程在支持完整性管理决策中的有效性为了评估管道完整性管理程序的整体有效性，必须将性能指标和系统自检结合起来。第 13.4 节介绍了建议进行审查和评估的完整性管理程序问题。评估的结果也可以纳入作为运营商管道 SMS 一部分的管理评审中。

评估管道完整性：管道运营商应基于对集成数据结果的评估和考虑，评估其管道段的完整性。如上所述，管道检查结果，检查工具性能数据和 MOC 信息都是开发管道完整性的全面评估所必需的。管道运营商还应将任何适用的运营商、行业或监管机构的课程，建议或建议纳入完整性评估。对于可能影响关键位置的管道段，操作员应为检查、内检测到的几类异常确定技术上合理的期限。该时间表应考虑适用的法规。第 9.2 节提供了对 ILI 确定的功能进行优先排序以进行检查和维修的指南。附录 C 提供了常用修复技术的描述，以解决完整性评估过程中可能发现的不同类型的缺陷。

④完整性程序要素——处理。

管道修复：管道运营商应根据其管道完整性评估实施适当的修复活动。具体的修复活动应解决对管道部门的威胁以及这些威胁所代表的风险。第 9.2 节描述了应对策略通过管道检查或测试发现的异常，包括需要立即或计划响应的条件。

进行管道预防和缓解措施：管道运营商应建立并实施流程，以评估是否需要采取其他措施来降低管道风险。第 11 节描述了管道预防和缓解的相关措施。

管道重新评估间隔：管道运营商应定期进行完整性重新评估。管道运营商应制订重新评估的时间表，其中要考虑诸如恶化率，事件后果和其他风险因素之类的项目。第 10 节提供了安排重新评估的准则。附录 D 中提供了如何计算重新评估间隔的示例。

完整性程序改进：操作员应使用程序效能评估的结果来修改完整性管理程序，作为持续改进过程的一部分。有关更改或改进的建议，或两者兼而有之，应基于对绩效指标和审核的分析。所有更改或改进的建议，或两者都应记录在案，并在下一轮完整性评估中实施这些建议。第 13 节提供了制订绩效度量以评估程序有效性的指南。

5. 管道完整性适用方法选择

NACE SP 0113—2013《管道完整性适用方法选择》标准中的完整性评估过程专门针对陆上埋地钢质管道。该标准为确定适当的完整性评估方法提供了指导，以用于诊断被视为管道完整性过程一部分的腐蚀威胁。这种方法是一个持续改进的过程。通过定期的连续评估，该过程应确定并确定发生，正在发生或可能发生腐蚀活动的位置，并显示各种缓解计划的有效性。这种 NACE 完整性评估方法仅限于解决外部腐蚀（EC），内部腐蚀（IC）和应力腐蚀开裂（SCC）。它有可能指示先前的机械损坏威胁，例如第三方或故意破坏，并且它无法定位由设备损坏，制造技术，施工方法，错误操作或天气和外力引起的威胁。涵盖的完整性评估技术包括在线检查（ILI），直接评估（DA），压力测试和其他新技术。

标准的目的是对可用的评估工具和过程进行高度的概述。要描述的评估工具和过程是内部腐蚀直接评估（ICDA），应力腐蚀开裂直接评估（SCCDA），外部腐蚀直接评估（ECDA），外部腐蚀确认直接评估（ECCDA），ILI 和压力测试（表 7-2-2）。

表 7-2-2 各种评估程序的标准和报告

完整性评估	参 考
ECDA	NACE SP 0502（方法）； NACE SP 02106（ECCDA）
ICDA	NACE SP 0206（干气）； NACE SP 0110（湿气）； NACE SP 0208（液态石油）
ILI	NACE SP 010210； API 1163； NACE Publication 35100（管道无损检测）
压力测试	ASME B31.8； ASME B31.4； ANSI/API RP 1110
SCCDA	NACE SP 0204

二、国外管道完整性评估技术标准体系

1. 确定腐蚀管线剩余强度手册

ASME B31.G—2012《腐蚀管道剩余强度手册》是美国机械工程师协会颁布，是 ASME B31 压力管道规范的增刊，ASNE B31《压力管道规范》的组成部分，即 ASME B31.4《烃类、液化石油气、无水氨和酒精输送系统》、ASME B31.8《天然气输送和分配系统》和 ASME B31.11《浆液管道输送系统》各管道规范适用范围内的全部管道。

手册限于可焊接的管线钢材，如碳钢或高强度低合金钢的腐蚀。ASTM A63，A106 和 A381，以及 API 6L（现行 API 6L 包括原先 API 6LX 和 6LS 中所有等级）中所叙述的钢材的典型代表。

手册只适用于外形平滑，低应力集中的管线体上的缺陷（例如电解或电化学腐蚀和磨蚀引起的壁厚损失）。不宜用于评定被腐蚀的环向或纵向焊缝及其热影响区、机械损害引起的缺陷，如凹陷和沟槽，以及在管子或钢板制造过程中产生的缺陷，如裂缝、褶皱、轧头、疤痕、夹层等处的剩余强度的估算。

手册中提出的腐蚀管子留用准则只以管子在承受内压时保持结构完整性的能力为根据，当管子承受第二有效应力（如弯曲应力），尤其是腐蚀有举足轻重的横向成分时，它不宜作为唯一准则。

此方法不能预测泄漏和破裂事故。

2. 管道外腐蚀检测与直接评价标准

NACE RP 0502—2010《管道外腐蚀检测与直接评价标准》是美国国家腐蚀工程师协会 SNACE 发布的关于陆上埋地钢制管道系统外部腐蚀直接评价（ECDA）方法。该标准为典型管道系统应用是 ECDA 方法提供指。ECDA 方法力图尽早地发现外腐蚀缺陷，避免其发展到影响到管道结构安全的严重程度。标准中所描述的 ECDA 实践方法，特别针对的是陆上埋地铁磁性材料的管道结构的一个实践性标准，其他的针对陆上铁磁性管道进行外腐蚀评判的方法：如压力测试、管内检测等并不覆盖本标准中的相关做法，但与其他工业标准有所交叉。

ECDA 是一个持续改进的过程，通过持续的 ECDA 应用，管道的运营商应该能够识别并处理、已经发生、正在发生、或将来可能发生腐蚀活动的管道部位。ECDA 方法的优点之一就是它可以找到未来可能形成缺陷的区域，而不是只能定

位那些已经形成的腐蚀缺陷。ECDA 方法将这种过程分成若干有次序的步骤，来汇集管道的物理特征和运行历史信息（预评价）、多种现场检测数据（简介评价），以及管道表明检测（直接检查）的结果，通过集成分析来提供更具有针对性的管道外腐蚀的综合评价（后评价）结果。本标准把检测内容主要分为间接检测和直接检测两种方法，以下对重要内容简要归纳：

（1）间接检测法。

间接检测步骤的目的是区分并确定涂层缺陷、其他异常及可能发生或将要发生腐蚀区域的严重性。间接检测要求在每个 ECDA 区的整体长度范围内至少应用两种方法进行地上检测。

进行间接检测之前，对预评估步骤中确定的每个 ECDA 区的边界应进行确认并标记清楚。应获得线段上确保能实现连续间接检测的方法或使用评估的管段。

在每个 ECDA 区的整体长度范围内可以使用间接校测，每种间接检测必须按照公认的工业实际应用条件进行检测与分析。初次应用 ECDA 时，管道操作质应该考虑采用抽样检查、重复进行间接检测操作或者其他验证方法来确保所测数据的一致性。

进行间接检测时选用足够小的距离间隔以实现详细评价。要求所选距离上，检测工具能够发现并定位管段腐蚀情况。

间接检测要求及时紧凑。如果跨季节或者管线设备的安装，拆卸等条件发生重大变化时，检测结果的比较工作可能困难或没有意义。地面位置测量应精确地理位置（如使用 GPS）并有凭据，以便对比检测结果并用来确定开挖位置。

（2）直接检测法。

开挖和数据收集。管道操作员根据检测结果分类，对严重情况优先进行开挖、确定需要开挖多的结果少的准则视管道情况而定。对每个探坑的位置应该使用地理位置（如 GPS）标记，以便直观比较直接检测。

开挖前，管道操作员应确定在每个 ECDA 区内收集进行评估需要的相关数据和连续记录，这些数据至少能满足进行 ECDA 的最低需要、最低需要包括要收集的数据的类型，考虑环境、预计腐蚀类型以及前期数据的有效性和质量。

典型的数据收集如下：管地电位的测量；土壤电阻率的测量；土壤样品的采集；水样的采集；涂层下液体 pH 值的测量 + 拍片；其他完整性分析数据，如：MIC、SCC 等。

涂层损坏和腐蚀深度测量。管道操作员应评价开挖处涂层和管壁的状况，并进行相应测试。测量之前，管道操作员应确定每个开挖处收集相容数据和连续记录的最低需要。最低需要包括测量的类型和精度、考虑环境、预计腐蚀类型以及前期衡量数据的有效性和质量。对于腐蚀缺陷，最低需要应包括所有重要缺陷的评价。这种缺陷的参数应以剩余强度计算的形式定义。

评价涂层和管线状况的典型测量如下：涂层类型的确定；涂层完好程度的评价；涂层厚度的测量；涂层附着力的评价；涂层破损（砂眼、剥离等）的测绘；腐蚀原因分析；腐蚀缺陷的确定；腐蚀缺陷的绘图和测量；拍片。

3. 液体石油管道内部腐蚀直接评估标准

NACE SP 0208—2008《液体石油管道内部腐蚀直接评估方法》标准适用于在正常的运行条件下，通常充满不可压缩液态石油化合物的管道，其中碱性（或底部）沉积物和水的污染体积通常低于 5%。液体管道内腐蚀直接评价（LP-ICDA）的基础是识别和详细检查沿管道的位置，在这些位置中水或固体可能会长时间积聚，从而可以就未经检查的管道的完整性做出结论。如果检查确定对长期内部腐蚀条件具有最高敏感性的位置，并且发现该位置无明显腐蚀，则其他不那么敏感的位置也可以视为无腐蚀。本标准不适用于在无法预测的位置发生腐蚀或泄漏的管道，对于发现中等或更高内部腐蚀率的管道，它可能不能作为内检测的经济替代。LP-ICDA 方法的主要目的是增强对液体石油管道内部腐蚀的评估，以及改善管道完整性。

在使用 LP-ICDA 的过程中，可能会检测到其他管道完整性威胁，例如外部腐蚀，机械损坏，SCC 等。当检测到此类风险时，必须执行其他评估检查，或同时进行这两项。液化石油气系统的 LP-ICDA 方法论分为四个步骤：预评估，间接检查，详细检查和后评估。

4. 设备适用性评价标准

API 579—2007《设备适用性准则》反映了石油化工在役设备安全评估的需要。它是以保证老设备继续工作的安全；以提供良好的合乎使用的评定方法；以保证给出坚实可靠的寿命预测；以帮助在役设备的优化维修及操作；以保证旧设备有效利用提高经济服务的期限。API 579 与其他标准不同之处是不仅包括在役设备缺陷安全评估，还在很广范围内给出了在役设备及其材料的退化损伤的安全评估方法。在 API 579 中主要评价以下缺陷，均匀腐蚀、局部减薄、槽坑缺陷、点蚀、鼓包及分层缺陷等，其第五章详细地介绍了各种体积型缺陷的评定方法。

API 579 标准提供了三级评定方法：

第 1 级是免于评定的标准。API 579 给出了各种材料的设备在那些温度区是属于第 1 级的，如果是第 1 级就可以免于评定了。例如碳钢、低合金钢、奥氏体不锈钢设备一般在 Ⅰ、Ⅱ、Ⅲ、Ⅳ区时都可免于评定。但热处理的调质钢只有在 Ⅰ、Ⅱ、Ⅲ区的才可免于评定。不能免于评定的，即第 1 级评定不通过的，应按第 2 级评定方法进行评定。

第 2 级是评定较复杂的一些材料。一般评定过程是：根据现场实测硬度估算材料强度后按 API 579 规定的公式确定实际材料许用应力，然后用常规的简单公式进行强度校核。如果发现有裂纹状缺陷、局部减薄等缺陷时还应按不同的缺陷评定方法进行评定。在评定中还应考虑火焰中表面壳体和内部部件的巨大温差是否引起了裂纹；有时还需要考虑材料的蠕变损伤，但只要高温实际不长可以免予考虑。

第 3 级是第 2 级评定方法无法执行或通不过的评定方法。如结构已严重变形或者在结构不连续部位壳体畸变，常规设计用的强度计算公式已不适用，就只好采用有限元计算和应力分类的分析设计方法进行强度校核的第 3 级评定。由于第 2 级评定时材料强度是由硬度间接核算方法得到的，所以用许用应力是很保守的，由于这个原因而没有通过第 2 级评定，采用第 3 级的方法，由现场金相或直接取样进行力学性能实测就有可能通过。

三、国外管道检测评价法规标准体系

1. 管道系统组件检查推荐做法

API RP 574—2016《管道系统组件检验推荐作法》主要适用于管道企业、化工企业的管道、盲管、阀门、垫片等管道系统组件的检验，为推荐性标准，其中，与检测相关的内容包括工艺管道的腐蚀监控、压力试验、埋地管道的检验、确定报废厚度。

2. 管道及有关设施的焊接

API 1104—2013《管道及有关设施的焊接》是由美国石油学会、美国气体协会、管道承包商协会、美国焊接学会、美国无损探伤学会的代表以及管子制造商的代表和有关工业的个人代表组成的标准编写委员会编制的。标准的目的是通过控制焊工资格，焊接工艺，材料和设备焊出高质量的焊接接头。其目的还在于通过控制技术人员的资格和对设备的检查对焊接质量做正确的评定。本标准适用于两种新型结构和使用的焊接方法。和检测相关的内容包括焊缝的检查与试验、无损探伤验收标准。

3. 管道在线内检测

NACE 0102—2017《管道在线内检测》主要应用于碳钢管道系统。主要用来运输天然气，危险液体（包括无水氨），二氧化碳，水（包括盐水），液化石油气，以及其他不损伤 ILI 工具作用和稳定性的装置；本标准主要应用于能够自由运动的 ILI 工具，而不是束缚的或者需要远程控制的设备。本标准建立在成功的行业验证的实例上，为管道操作者提供建议。

4. 基于风险的检测

API RP 580《基于风险的检验》的定位为推荐操作规范，是制订和实施基于风险检验计划的基本要素，全面地论述了基于风险的检验的思想、原则及其具体程序（步骤）根据 API RP 580 的程序，可以实现对所有被评估设备的风险等级评定、制订相应的检测计划（检测方法、检测方法的使用性、监测和检测的时间、风险管理的效果）、风险减缓措施的制订（如维护、更换或升级安全设施）、检测和减缓措施实施后的风险水平评定。

API pub 581《基于风险的检测基础源文件》是一种研究性、总结性的文件，可操作性和指导性介于 API 570 及 API RP 580 两个文件之间，它是一个关于压力容器和管道实施 RBI 的具体可操作性的方法指南。pub 表示它是 API 的一个出版物，并不是一个规范类文件。从内容来说，它也是论述风险检验，但它比 API RP 580 更加具体，对如何进行频率额进行后果估计作了更加详细的阐述。从定量和定性的角度进行了规定。它针对各种具体情况比较详细地介绍了频率计算、后果计算的方法、风险的表征方法、具体地确定了如何通过检测和调整检验频率降低设备的风险。

参考文献

[1] 冯庆善 . 管道完整性管理实践与思考 [J]. 油气储运，2014，33（3）：229–232.

[2] 何仁洋 . 压力管道安全完整性监控、检测和评价技术 [J]. 腐蚀科学与防护技术，2013，25（4）：350–352.

[3] 张广鑫 . 燃气管道失效原因分析及预防措施 [J]. 山东工业技术，2015，32（2）：33–34.

[4] 林肖也，颜素安 . 管道完整性管理的障眼盲点 [J]. 中国石油企业，2014（5）：42–45.

[5] 丛海涛 . 保温层下腐蚀及防腐对策分析 [J]. 涂料技术与文摘，2014，35（6）：7–9.

[6] 李福田 . 油气管道安全风险考量及对策措施 [J]. 中国石油企业，2013（5）：55–56.

[7] 宋文波 . 油气管道完整性维护研究 [J]. 价值工程，2014（27）：76–77.

[8] 卓凡 . 深圳市燃气管道完整性管理应用研究 [J]. 煤气与热力，2014，34（2）：29–32.

[9] 刘亮 . 面向服务架构的管道完整性管理系统 [J]. 油气储运，2016，33（6）：604–608.

[10] 李长春 . 液化烃输送管道完整性管理 [J]. 中国科技博览，2014（30）：74.

[11] 刘晓丹 . 海底管道风险分析中自然影响因素评分标准初探 [J]. 海岸工程，2013，32（2）：63–68.

[12] 何仁洋 . 压力管道安全完整性技术法规与标准体系研究 [C]. The 6th China Corrosion Conference，2011：1266–1273.

[13] 王毅辉 . 西南油气田输气管道完整性管理方案研究及工程实践 [D]. 成都：西南石油大学，2009.

[14] 刘金和 . 陕京输气管道完整性管理研究 [D]. 天津：河北工业大学，2007.

[15] 郑成志 . 城市供水管道完整性分析评价 [D]. 哈尔滨：哈尔滨工业大学，2010.

[16] 陈建锋 . 樊一联合站完整性管理技术研究 [D]. 西安：西安石油大学，2014.

[17] 胡军 . 海底管道完整性管理解决方案研究 [D]. 天津：天津大学，2012.

[18] 刘勇峰 . 基于 Web GIS 的管道完整性管理技术研究 [D]. 抚顺：辽宁石油化工大学，2012.

[19] 冉海波 . 川东地区含硫气田集输管道内腐蚀研究 [D]. 成都：西南石油大学，2015.

[20] 丁鹏 . 海底管线安全可靠性及风险评价技术研究 [D]. 北京：中国石油大学，2008.

[21] 袁泉 . 管道完整性数据管理的研究与设计 [D]. 西安：西安石油大学，2010.

[22] 沈铁 . 高温法兰连接系统可靠性及风险评价 [D]. 南京：南京工业大学，2006.

[23] 李静 . 玉溪天然气管道基线风险评价技术研究 [D]. 成都：西南石油大学，2017.

[24] 马维平 . 长输气管道风险评价技术理论研究 [D]. 西安：西安石油大学，2007.

[25] 徐鑫桐 . 庆哈管道完整性管理系统应用 [D]. 大庆：东北石油大学，2017.

[26] 吴思瑶 . 管道腐蚀失效的模糊评价与在线检测 [D]. 成都：西南石油大学，2015.

[27] 张义远 . 管道完整性管理方案的研究 [D]. 兰州：兰州理工大学，2017.

[28] 张国军 . 基于指数法的海底管道风险评估方法研究 [D]. 成都：西南石油大学，2015.

[29] 杨娥 . 海底管道风险评价研究 [D]. 成都：西南石油大学，2012.

[30] 赵冬野 . 西气东输管道第三方破坏风险因素研究 [D]. 大庆：东北石油大学，2014.

附录 典型单次失效识别分析报告示例

油田　　厂（矿） 管道单次失效分析报告	报告日期：　年　月　日 编　号：__
管道及周边环境信息	

1.**管道名称：**

2.**管道所属单位：**　　　采油厂　　　作业区　　　油气矿　　　采油（气）队

3.**管道规格：**外径　　　mm　　壁厚　　　mm　　长度　　　km　　埋深　　　m

管道起点名称　　　　　　　　　管道终点名称

4.**管道材质：**钢管____　　钢级____

5.**投产时间：**____年____月　　6.**更换情况：**是否更换____　更换时间____年____月

7.**防腐方式：**外防腐（防腐层____等级____阴极保护____）内防腐____

8.**最近一次检测及修复情况：**检测时间_____年　　检测方法____

修复时间　　　年　　修复方式

9.**补充说明：**

油田　　厂（矿） 管道单次失效分析报告	报告日期：　年　月　日 编　号：__
管道运行信息	

1.**输送介质：**

2.**产液量（$10^4 m^3/d$）：**_____　　3.**产气量（$10^4 m^3/d$）：**_____

4.**含水率：**

5.**油气比：**　　　　　　　　　6.**气液比：**

7.**入口压力：**　　　　　　　　8.**出口压力：**

9.**入口温度：**　　　　　　　　10.**出口温度：**

11.**伴生气腐蚀介质：**CO_2/（体积分数）_____ H_2S(mg/m^3)_____

12.**采出水信息：**Cl^-(mg/L)_____矿化度(mg/L)_____pH值

油田　厂（矿） 管道单次失效分析报告	报告日期：　年　月　日 编　号：___
观察记录	

1.**失效时间**：　年　　月　　日　　时　　分

2.**地理位置**：　（区）　　镇（号）

3.**管道里程**：距管道（段）起点　　站　　km　　m

4.**地区等级**：○一类　　　　○二类　　　　○三类　　　　○四类

5.**发现方式**：○巡管时发现　○沿线群众报告　○管道作业时发现　○SCADA系统监测发现

6.**故障部位**：管道埋深_____m　　　时钟位置_____点钟

7.**失效部位**：○管体　○管体焊缝　○接头　○管件

8.**失效尺寸**：长_____mm　　宽_____mm

9.**外防腐层破损尺寸**：

油田　厂（矿） 管道单次失效分析报告	报告日期：　年　月　日 编　号：___
现场测试	

1.**水样**：温度　　　　　　pH值

2.**气样**：气体中CO_2含量［体积分数（％）］_____

3.**固体和泥状样品**：

管道内部固体/泥状样品含水率_____　　管道内部固体/泥状样品pH值_____

管道内部固体/泥状样品硫酸根离子含量_____

土壤电阻率　　　　　　　　土壤pH值

防腐层附着力　　　　　　　防腐层剥离强度

4.**微生物**：SRB数量_____

5.**管道电化学参数**：管道自然腐蚀电位_____管道交流干扰电压_____

　　　　　　　　　　管道交流电流密度_____

油田　　厂（矿） 管道失效分析报告	报告日期：　年　月　日 编　　号：__

失效类型

1.失效大类： ○内腐蚀　　○外腐蚀　　○应力腐蚀开　　○制造与施工缺陷

○第三方破坏　　○运行操作不当　　○自然灾害

2.失效小类： ○二氧化碳腐蚀　　　○硫化氢等其他介质腐蚀　　○溶解氧腐蚀　　○细菌腐蚀

○电偶腐蚀　　○冲刷腐蚀　　　○垢下腐蚀　　　○水线腐蚀

○土壤腐蚀　　○阴极保护失效　　○杂散电流腐蚀　　○外防护层失效

○内部介质引起的应力腐蚀开裂　　○外部介质引起的应力腐蚀开裂

○管体缺陷　　○施工焊接缺陷　　○第三方破坏　　○结垢堵管　　○误操作

○水文灾害　　○地质灾害

3.结论：

识别人：_____　　　　　　　审核人：_____